ARITHMÉTIQUE

THÉORIQUE ET PRATIQUE

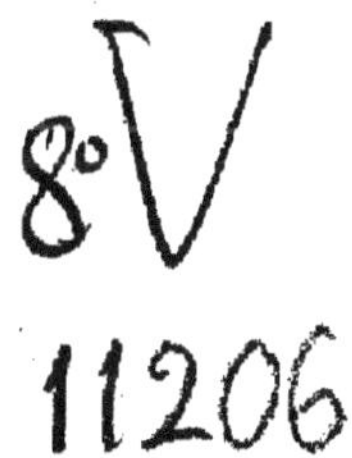

ARITHMÉTIQUE

THÉORIQUE ET PRATIQUE

COURS ÉLÉMENTAIRE

PREMIÈRES NOTIONS DE CALCUL ET DE SYSTÈME MÉTRIQUE,
1.100 EXERCICES ET PROBLÈMES.

PAR

J. LABOUREAU

INSPECTEUR HONORAIRE DE L'ENSEIGNEMENT PRIMAIRE
MEMBRE DES COMMISSIONS D'EXAMEN DE LA SEINE
OFFICIER DE L'INSTRUCTION PUBLIQUE, CHEVALIER DE LA LÉGION D'HONNEUR

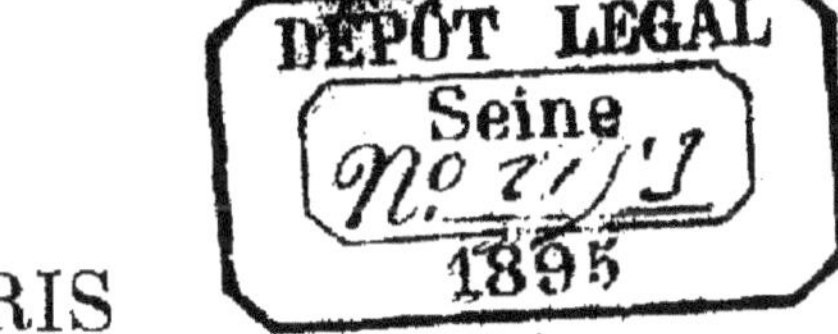

PARIS

E. DENTU, ÉDITEUR
3, PLACE DE VALOIS (PALAIS-ROYAL)

ARITHMÉTIQUE

THÉORIQUE ET PRATIQUE

COURS ÉLÉMENTAIRE

CHAPITRE PREMIER

DES NOMBRES

Quand je dis : Lucien a acheté **un** cahier pour **dix** centimes, deux livres pour **trois** francs.

Il a fallu **quatre** mètres d'étoffe pour un vêtement qui a coûté **quarante** francs, etc.; chacune des expressions **un, dix, deux, trois, quatre, quarante**, que nous avons reproduites au tableau noir, désigne un **nombre**, c'est-à-dire un seul objet ou une réunion d'objets.

A tous ces objets comptés ou mesurés on donne le nom commun de **grandeurs** ou **quantités.**

Le nombre **un** désignant un seul objet ou une seule quantité s'appelle aussi **unité.** On donne également le nom d'unité à la quantité qui sert à en mesurer d'autres. Exemple : *un mètre.*

Apprendre à compter et à se servir des nombres dans les questions auxquelles ils donnent lieu, c'est apprendre l'**Arithmétique** ou le **Calcul.**

Ces connaissances sont d'un usage journalier et on a besoin de les acquérir dès le jeune âge.

1. Définitions. Nombre. — Un *nombre* est l'expression d'une ou de plusieurs unités. Exemple : *deux pommes, trois arbres, cinq francs, six mètres,* etc.

2. Unité. — On appelle *unité* un seul des objets que l'on considère. Exemple : *un cahier, un élève, une maison, un mètre, un franc,* etc.

3. Formation des nombres. — Le plus petit nombre est celui qui ne contient que l'unité ; on l'appelle **un**.

Si l'on ajoute une nouvelle unité au nombre un, on a le nombre **deux** ; ce nombre augmenté d'une unité donne le nombre **trois** ; une nouvelle unité ajoutée à trois donne le nombre **quatre**, et ainsi de suite. On obtient donc toujours un nombre nouveau en ajoutant une unité au dernier nombre obtenu. C'est pourquoi il n'y a pas de limite pour les nombres.

4. Arithmétique. — L'*arithmétique* est la science des nombres, c'est-à-dire la connaissance de tout ce qui a rapport aux nombres.

QUESTIONNAIRE

1. — Qu'est-ce qu'un nombre ?
2. — Qu'est-ce que l'unité ?
3. — Comment s'appelle le premier nombre ?
4. — Comment forme-t-on les nombres ?
5. — Quelle est la limite des nombres ?

NUMÉRATION

5. On entend par **numération** la manière de nommer et d'écrire les nombres.

6. Nombres simples ou d'un seul chiffre. — Les neufs premiers nombres sont représentés par les noms et les *chiffres* qui suivent :

1..........................	un.......	1
1 1.........................	deux.....	2
1 1 1...........	trois.....	3
1 1 1 1....................	quatre ...	4
1 1 1 1 1..................	cinq......	5
1 1 1 1 1 1...............	six.......	6
1 1 1 1 1 1 1.	sept......	7
1 1 1 1 1 1 1 1............	huit......	8
1 1 1 1 1 1 1 1 1..........	neuf......	9

On les appelle *Nombres simples,* parce qu'ils sont représentés par un seul chiffre.

7. Nombres composés. — Les nombres formés de plusieurs chiffres sont dits *Nombres composés.*

QUESTIONNAIRE

1. — Qu'entend-on par numération ?
2. — Nommez les neuf premiers nombres ?
3. — Quel nom donne-t-on aux signes qui les représentent ?
4. — Dites leurs noms en les écrivant au tableau.
5. — Qu'appelle-t-on nombres simples ?
6. — Qu'appelle-t-on nombres composés ?

EXERCICES

1. — Combien y a-t-il de lettres dans chacun des mots : *charité, aumône, établissement.*

2. — Lucien a gagné 3 bons points hier ; combien en aura-t-il s'il en gagne 2 aujourd'hui ?

3. — Jacques avait 6 billes ; il en a perdu 4 ; combien lui en reste-t-il ?

4. — Combien y a-t-il d'élèves dans 3 bancs, dont chacun contient 2 élèves ?

5. — On veut partager 8 sous entre 4 pauvres, combien chacun en aura-t-il ?

Nota. — Donner à l'aide de ces exemples et d'autres semblables l'idée des 4 opérations.

§ I. — Nombre de deux chiffres

8. Dizaines. — Si l'on ajoute une unité au nombre neuf, on obtient le nombre **dix.** Ainsi neuf francs et un franc font dix francs ; neuf doigts et un doigt font dix doigts.

La réunion des dix doigts de nos mains, c'est-à-dire de dix unités, forme ce que l'on appelle une **dizaine.** Ainsi dix jours font une dizaine de jours ; dix mètres font une dizaine de mètres ; dix maisons font une dizaine de maisons, etc.

9. La dizaine est considérée comme formant une nouvelle espèce d'unité, ou une unité du *deuxième ordre,* pour la distinguer des premières unités qu'on appelle *unités simples* ou *unités du premier ordre.*

10. Pour représenter les nombres de dizaines, on se sert des mêmes mots et des mêmes chiffres que précédemment. On dit ainsi :

Une dizaine...	ou, par abréviation **dix**	qui s'écrit	**10**
Deux dizaines.	— **vingt**..........	—	**20**
Trois dizaines.	— **trente**.........	—	**30**
Quatre dizaines	— **quarante**.......	—	**40**
Cinq dizaines..	— **cinquante**......	—	**50**
Six dizaines...	— **soixante**...... ..	—	**60**
Sept dizaines..	— **soixante-dix**....	—	**70**
Huit dizaines..	— **quatre-vingts**...	—	**80**
Neuf dizaines..	— **quatre-vingt-dix**	—	**90**

Les mots soixante-dix, quatre-vingts, quatre-vingt-dix, sont quelquefois remplacés par les mots *septante, octante, nonante.*

11. Le caractère 0, que l'on prononce zéro, a été placé après les chiffres 1, 2, 3, 4, etc., pour éviter d'écrire le mot dizaine. Il n'a aucune valeur par lui-même. 0 arbre signifie nul arbre ; 0 maison signifie aucune maison.

EXERCICES

1. — Comment s'appelle la réunion de dix choses semblables ou de dix unités ?

2. — Nommer les neuf nombres de dizaines : de 1 à 9, de 9 à 1.

3. — Combien y a-t-il d'unités dans trois dizaines ? cinq dizaines ? sept dizaines ? neuf dizaines ? une dizaine ? huit dizaines ? six dizaines ?

4. — Combien y a-t-il de dizaines dans quarante ? soixante ? trente ? soixante-dix ? vingt ? quatre-vingts ? cinquante ? dix ? quatre-vingt-dix ?

5. — Ecrivez six maisons, vingt mètres, trente francs, dix grammes, soixante arbres, quarante pommes, huit noix, soixante-dix moutons, neuf sous, quatre-vingts soldats, cinquante lignes, quatre-vingt-dix francs, cinq plumes.

6. — Comptez par 10 jusqu'à 90.

7. — Comptez en sens inverse de 90 à 10.

PROBLÈMES ORAUX

1. — *Un panier contenait 3 dizaines de pommes, on en met encore 5 dizaines; combien y en aura-t-il en tout ?*

2. — *Un panier contenait 50 œufs, 3 dizaines ont été vendues; combien en reste-t-il ?*

3. — *Combien y a-t-il de pierres dans 5 tas de 10 pierres chacun ?*

4. — *Combien reste-t-il de plumes dans une boîte qui en contenait 60, si l'on en prend 3 dizaines ?*

5. — *Une école contient 50 élèves; on les met sur 5 rangs. Combien y a-t-il d'élèves dans chaque rang ?*

6. — *On a 90 crayons que l'on range en paquets de 10, combien y aura-t-il de paquets ?*

7. — *On partage 80 francs entre 8 personnes; conbien chacune aura-t-elle ?*

8. — *Combien d'œufs dans 3 paniers qui en renferment chacun 2 dizaines ?*

§ II. — Nombre de deux chiffres (suite).

12. Dizaines et unités. — Un nombre de deux chiffres peut contenir à la fois des dizaines et des unités : exemple le nombre formé de 2 dizaines de crayons et de 3 crayons, qui se prononce *vingt-trois* et s'écrit 23.

13. Pour nommer les nombres de **dix à vingt**, on ajoute à dix successivement les noms des neuf premiers nombres ; le chiffre des unités s'écrit à droite du chiffre des dizaines. On a ainsi :

Dix-un	ou **onze,**	qui s'écrit.........	11
Dix-deux	ou **douze,**	—	12
Dix-trois	ou **treize,**	—	13
Dix-quatre	ou **quatorze,**	—	14
Dix-cinq	ou **quinze,**	—	15
Dix-six	ou **seize,**	—	16
Dix-sept	» ,	—	17
Dix-huit	» ,	—	18
Dix-neuf	» ,	—	19

14. On fait de même de *vingt à trente,* et l'on aura :

Vingt et un	qui s'écrit........	21
Vingt-deux	—	22
Vingt-trois	—	23
Vingt-quatre	—	24
Vingt-cinq	—	25
Vingt-six	—	26
Vingt-sept	—	27
Vingt-huit	—	28
Vingt-neuf	—	29

15. De même après *trente,* et l'on a :

Trente et un	qui s'écrit........	31
Trente-deux	—	32
Trente-trois	—	33
Trente-quatre	—	34
Trente-cinq	—	35
Trente-six	—	36
Trente-sept	—	37
Trente-huit	—	38
Trente-neuf	—	39

16. On compte et l'on écrit de même après *quarante, cinquante, soixante, soixante-dix, quatre-vingts, quatre-vingt-dix,* jusqu'à quatre-vingt-dix-neuf.

EXERCICES

1. — Comment nomme-t-on les nombres après dix, après vingt, après trente, après quarante, etc., jusqu'à quatre-vingt-dix-neuf?

2. — Énoncez les nombres de dix à vingt, de vingt à trente, de trente à quarante, etc., jusqu'à quatre-vingt-dix-neuf.

3. — Énoncez les mêmes nombres en sens inverse, c'est-à-dire de quatre-vingt-dix-neuf à dix.

4. — Dites combien il y a de dizaines et d'unités dans chacun des nombres *vingt-sept, dix-huit, trente-cinq, seize, treize, quarante-trois, soixante-deux, soixante-quinze, quatre-vingt-sept, quatre-vingt-onze.*

(Multiplier les exercices de ce genre.)

5. — Lisez les nombres : 13, 16, 23, 15, 28, 45, 30, 21, 17, 25, 38,

40, 43, 57, 68, 60, 41, 59, 70, 61, 72, 81, 12, 74, 51, 68, 78, 83, 93, 71, 85, 95, 98.

6. — Ecrivez en lettres et en chiffres les nombres depuis un jusqu'à quatre-vingt-dix-neuf en les plaçant sur deux colonnes de la manière suivante :

| Onze | 11 | Vingt-cinq | 25 |
| Dix-huit | 18 | Trente-deux | 32 |

7. — Comptez par deux à partir de un jusqu'à quarante-neuf.

8. — Comptez par deux à partir de deux jusqu'à cinquante.

9. — Comptez par deux de cinquante à quatre-vingt-dix-huit.

10. — Comptez par deux de quarante-neuf à quatre-vingt-dix-neuf.

11. — Comptez de même par trois, par cinq.

PROBLÈMES ORAUX

1. — *Une classe contenait 28 élèves ; il en est entré 6 aujourd'hui ; combien y en a-t-il maintenant ?*

2. — *Un marchand vend 8 crayons sur un paquet de 18 crayons, combien en reste-t-il à vendre ?*

3. — *Dans un panier contenant 5 dizaines d'œufs, on place encore 6 œufs ; combien y en a-t-il alors ?*

4. — *Un voyageur avait 68 kilomètres de chemin à faire ; il en a déjà fait 50 ; combien lui en reste-t-il à faire ?*

5. — *Si un mètre d'étoffe coûte 8 francs, combien payera-t--on pour 10 mètres ?*

6. — *Pierre a 15 ans, André en a 9 ; combien l'un a-t-il de plus que l'autre ?*

7. — *Un homme achète un vêtement au prix de 60 francs ; il lui manque 10 francs pour le payer ; combien possède-t-il ?*

8. — *Quel nombre faut-il ajouter à treize pour obtenir trente-deux, à vingt-sept pour avoir quarante-huit, à cinq pour avoir quarante, à treize pour obtenir trente-neuf ?*

9. — *Un marchand a versé dans un sac une première fois 34 pommes, une seconde fois 50 pommes ; il en vend d'abord 25 ; combien lui en reste-t-il ?*

(Multiplier et varier ces exercices, de façon à préparer les élèves à effectuer rapidement les opérations qui leur seront données à faire par la suite.)

§ III. — Nombre de trois chiffres

17. Centaines. — Si l'on ajoute une unité à quatre-vingt-dix-neuf on obtient le nombre **cent**, formé de neuf dizaines et une dizaine, c'est-à-dire de dix dizaines, comme le nombre dix est formé de dix unités.

La réunion de dix dizaines est de même considérée comme formant une nouvelle espèce d'unité appelée **centaine** ou **unité de troisième ordre** (1).

Pour abréger, au lieu du mot centaine, on emploie le mot cent qui est plus court.

18. Pour compter et écrire les centaines, on se sert des mêmes mots et des mêmes chiffres que pour les dizaines et les unités ; mais au lieu d'écrire le mot centaine, on place deux zéros à la suite du chiffre.

On a ainsi :

Une centaine	ou **cent,**	qui s'écrit.	100
Deux centaines	ou **deux cents,**	— .	200
Trois centaines	ou **trois cents,**	— .	300
Quatre centaines	ou **quatre cents,**	— .	400
Cinq centaines	ou **cinq cents**	— .	500
Six centaines	ou **six cents**	— .	600
Sept centaines	ou **sept cents,**	— .	700
Huit centaines	ou **huit cents,**	— .	800
Neuf centaines	ou **neuf cents,**	— .	900

EXERCICES

1. — Comment obtient-on le nombre cent ?

2. — Comment se nomme la réunion de dix dizaines ?

3. — Comment se représentent les nombres de centaines ?

4. — Combien de noix dans 5 centaines de noix ; combien dans 3 centaines ? etc.

5. — Combien 20 dizaines font-elles de centaines ?

6. — Combien obtient-on en réunissant 30 dizaines et 40 dizaines ?

(1) *Rendre cette explication sensible au moyen d'objets matériels : bûchettes, petits cailloux, noisettes, jetons, billes, etc.*

PROBLÈMES ORAUX

1. *Un fermier qui a déjà 3 centaines de moutons achète encore 300 moutons ; combien en aura-t-il ?*

2. *— Combien y a-t-il d'oranges dans 6 tas de 100 oranges chacun ?*

3. *— On partage 800 noix entre 4 enfants ; combien chacun en aura-t-il ?*

4. *— Une marchande achète 3 paniers contenant chacun 200 prunes ; combien aura-t-elle de prunes en tout ? combien de dizaines ?*

5. *— Un bataillon comprenait 800 soldats ; 200 sont partis en congé ; combien en reste-t-il ?*

6. *— Un panier contient 200 œufs ; combien cela fait-il de dizaines ?*

7. *— On veut partager 500 pommes entre 5 personnes ; combien chacune en aura-t-elle ?*

8. *— Combien font 300 francs et 200 francs ?*

9. *— Un décalitre contient 10 litres ; combien y a-t-il de décalitres dans 300 litres ?*

§ IV. — Nombres de trois chiffres (suite)

19. Centaines, dizaines et unités. — Un nombre de trois chiffres peut contenir à la fois des centaines, des dizaines et des unités. Exemple : le nombre formé de 3 centaines, de 4 dizaines d'oranges et de 5 oranges.

20. Pour nommer les nombres ainsi formés, on place à la suite des centaines, c'est-à-dire après cent, deux cents, trois cents, quatre cents, etc., le nombre qui désigne les dizaines et les unités.

On a ainsi :

A partir de *cent :* **cent un, cent deux, cent trois, cent quatre**, etc., jusqu'à **cent quatre-vingt-dix-neuf** ;

A partir de *deux cents :* **deux cent un, deux cent deux, deux cent trois, deux cent quatre, deux cent cinq**, etc., jusqu'à **deux cent quatre-vingt-dix-neuf** ;

Et de même après *trois cents, quatre cents, cinq cents, six cents, sept cents, huit cents, neuf cents,* jusqu'à *neuf cent quatre-vingt-dix-neuf.*

1.

21. Pour écrire un nombre composé de centaines, de dizaines et d'unités, on écrit d'abord le chiffre des centaines, puis, à droite, celui des dizaines et celui des unités.

Ainsi :

Le nombre formé de 3 centaines, 4 dizaines et 5 unités se prononce : **trois cent quarante-cinq** et s'écrit **345** ;

Le nombre formé de 7 centaines, 5 dizaines et 8 unités se prononce : **sept cent cinquante-huit unités** et s'écrit **758** ;

Le nombre formé de 6 centaines et 3 unités se prononce : **six cent trois unités** et s'écrit **603** (le zéro tenant lieu des dizaines qui manquent).

Le nombre formé de 8 centaines et de 6 dizaines se prononce : **huit cent soixante unités** et s'écrit **860** (le zéro tenant lieu des unités qui manquent).

EXERCICES

1. — Quels sont les ordres d'unités qui ont été examinés jusqu'ici ?

2. — Comment nomme-t-on un nombre comprenant des centaines, des dizaines et des unités ?

3. — Enumérez les nombres compris entre cent et deux cents, et inversement de deux cents à cent.

4. — Même exercice pour les nombres de deux cents à trois cents et inversement.

5. — Continuer ainsi jusqu'à neuf cent quatre-vingt-dix-neuf.

6. — Décomposez en centaines, dizaines et unités les nombres suivants : *trois cent soixante-huit ; cent quatre-vingt-dix-huit ; deux cent neuf ; sept cent cinquante-quatre ; neuf cent trente ; cinq cent vingt-huit ; six cent quatre-vingt-quinze ; quatre cent quarante-quatre.*

(Multiplier ce genre d'exercices.)

7. — **Lire et décomposer les nombres** : 348, 705, 639, 142, 191, 208, 740, 672, 850, 192, 73, 105, 91, 954, 920, 841, 75, 512, 650, 700, 800, 100, 90, 101, 710, 991, 899, etc.

8. — **Ecrire en chiffres les nombres suivants :** 1° *cent vingt-quatre ; trois cent cinquante-huit ; deux cent soixante treize ; cinq cent quatre ; vingt-huit ; six cent trente ; quatre cent vingt-huit ; soixante-seize ;*

2° *Six cent cinquante ; trois cent soixante-dix ; cinq cent vingt ; cent quatorze ; deux cents ; huit cent neuf ; quatre-vingt-*

onze; trois cent quatre-vingt-treize; sept cent quatre-vingt-dix-huit.

3° Sept cents; quatre-vingt-dix; cent soixante-onze; neuf cent cinq; huit cent soixante-quinze; neuf cent quatre-vingt-dix-neuf; trois cents.

9. — Comment se nomme le nombre formé de 3 centaines et de 5 dizaines ?

10. — Comment se nomme le nombre formé de 4 centaines et de 8 unités ?

11. — Comment se nomme le nombre formé de 6 centaines, 5 dizaines et 3 unités ?

PROBLÈMES ORAUX

1. — Combien y a-t-il de dizaines de pommes dans 600 pommes ?

2. — Lucien a 800 mètres à parcourir pour se rendre à l'école; combien lui en reste-t-il à faire lorsqu'il en a parcouru 350 ?

3. — Un commerçant touche deux factures, la 1ʳᵉ de 150 francs et la 2ᵉ de 300 francs; combien a t-il touché en tout ?

4. — Un panier renferme 500 pommes; combien en restera-t-il si l'on en retire 150 ?

5. — D'une boîte qui contient 144 plumes, on retire 3 dizaines de plumes; combien en reste-t-il ?

6. — 3 paniers pleins de fruits en contiennent chacun 150; combien en totalité ?

7. — L'heure contient 60 minutes; combien y a-t-il de minutes dans 3 heures ?

8. — Combien y a-t-il d'oranges dans 4 paniers qui en contiennent chacun 100 ?

9. — On veut partager 500 francs entre 5 personnes; quelle sera la part de chaque personne ?

10. — Lucien a reçu le premier mois 75 bons points; combien en recevra-t-il dans 10 mois, s'il travaille de même ?

11. — Si j'avais 50 francs de plus, je posséderais 600 francs; combien ai-je ?

12. — Un ouvrier a gagné 300 francs en 30 jours de travail; combien gagnait-il par jour ?

13. — Une pièce d'étoffe contient 150 mètres; une autre en contient 70; quelle est la valeur des deux pièces à 10 francs le mètre ?

14. — On a 3 tas de 100 fagots, 5 tas de 10 et 6 fagots; combien de fagots en tout ?

15. — Un marchand achète un sac de noix qui en contient 800 ; il en vend une première fois 200 et une autre fois 300 ; combien lui en reste t-il ?

16. — Un sac plein de marrons en contenait 600 : on en retire une première fois 5 dizaines et une autre fois 8 dizaines ; combien en reste-t-il ?

17. — Combien font 200 moutons plus 150 moutons ?

18. — Il y a 100 plumes dans une boîte et 6 dizaines de plumes dans une autre ; combien y a-t-il de plumes en tout dans les deux boîtes ?

19. — Rendez 100 fois plus grand chacun des nombres 1, 2, 3, 4, 5, 6, 7, 8, 9. Écrivez les résultats.

20. — Rendez 10 fois plus grand chacun des nombres 27, 18, 20, 34, 10, 30, 42, 64, 50, 81, 92, 13, 71, 85, 75, 19, 90, 99 et écrivez les résultats.

§ V. — Nombres exprimant des mille

22. Unités de mille. — Si au nombre *neuf cent quatre-vingt-dix-neuf*, on ajoute une unité, on a un nombre composé de dix centaines.

La collection de dix centaines est encore considérée comme formant une nouvelle espèce d'unité appelée **mille** ou **unité de mille**. L'unité de mille est l'unité du 4e ordre.

23. On compte les unités de mille, comme on a compté les unités simples, en disant : *un mille* ou simplement *mille, deux mille, trois mille, quatre mille, cinq mille, six mille, sept mille, huit mille, neuf mille.*

24. Dizaines de mille. — La réunion de dix unités de mille forme une nouvelle unité appelée **dizaine de mille, ou unité du 5e ordre.**

25. On compte les dizaines de mille comme les dizaines d'unités simples, en disant :

Une dizaine de mille	ou **dix mille**
Deux dizaines de mille	ou **vingt mille**
Trois dizaines de mille	ou **trente mille**
Quatre dizaines de mille	ou **quarante mille**
Cinq dizaines de mille	ou **cinquante mille**

Six dizaines de mille   ou **soixante mille**
Sept dizaines de mille   ou **soixante dix mille**
Huit dizaines de mille   ou **quatre-vingt mille**
Neuf dizaines de mille   ou **quatre-vingt-dix mille**

26. Centaines de mille. — La réunion de dix dizaines de mille forme une nouvelle unité appelée **centaine de mille** ou **unité de 6ᵉ ordre**.

27. On compte les centaines de mille comme les centaines d'unités simples, en disant :

Une centaine de mille   ou **cent mille**
Deux centaines de mille   ou **deux cent mille**
Trois centaines de mille   ou **trois cent mille**
Quatre centaines de mille ou **quatre cent mille**
Cinq centaines de mille   ou **cinq cent mille**
Six centaines de mille   ou **six cent mille**
Sept centaines de mille   ou **sept cent mille**
Huit centaines de mille   ou **huit cent mille**
Neuf centaines de mille   ou **neuf cent mille**

28. On écrit un nombre de mille, comme si le nombre exprimait des unités simples ; seulement on place trois zéros à la droite, pour que le chiffre des unités de mille occupe le 4ᵉ rang.

On écrit ainsi :

Mille... 1.000
Trois mille... 3.000
Quinze mille... 15.000
Trente-quatre mille.................................. 34.000
Soixante-dix-neuf mille.............................. 79.000
Cent mille.. 100.000
Deux cent mille..................................... 200.000
Cinq cent trois mille............................... 503.000
Sept cent vingt mille............................... 720.000
Neuf cent cinquante-trois mille..................... 953.000

29. Nombres de mille comprenant des centaines, des dizaines et des unités simples. — Un nombre de mille peut aussi contenir des centaines, des dizaines et des unités simples ; pour le nommer ou l'écrire, on place à la suite des mille le nombre qui sert à désigner les centaines, les dizaines et les unités simples.

Ainsi le nombre composé de 2 mille, 8 centaines, 3 dizaines et 5 unités s'énonce : *deux mille huit cent trente-cinq unités* et s'écrit 2.835 ;

Le nombre formé de 15 mille, 3 centaines, 7 dizaines et 4 unités s'énonce : *quinze mille trois cent soixante-quatorze unités* et s'écrit 15.374 ;

Le nombre formé de 1 mille, 2 centaines, 5 dizaines et 3 unités s'énonce : *mille deux cent cinquante-trois unités* ou *douze cent cinquante-trois unités* et s'écrit 1.253 ;

Le nombre formé de 105 mille, 4 dizaines et 3 unités s'énonce : *cent cinq mille quarante-trois unités* et s'écrit 105.043, et ainsi de suite.

30. REMARQUE. — On voit que pour écrire un nombre quelconque de mille, il suffit de savoir écrire un nombre de 3 chiffres. On évite toute erreur si, en écrivant, on a soin de placer un point, après les mille, pour les séparer des trois chiffres qui suivent à droite.

EXERCICES

1. — Comment se nomment les unités du 4ᵉ, du 5ᵉ, du 6ᵉ ordre ?

2. — Comment a-t-on formé la dizaine de mille ? la centaine de mille ?

3. — Comment compte-t-on les mille ? les dizaines de mille ? les centaines de mille ?

4. — Comment écrit-on un nombre exact de mille ?

5. — Dites comment on nomme et comment on écrit un nombre de mille contenant aussi des centaines, des dizaines et des unités simples ?

6. — Que suffit-il de savoir pour bien écrire un nombre quelconque de mille ?

7. — Combien y a-t-il de dizaines de mille dans cent mille, deux cent mille, trois cent mille, etc.

8. — Combien de centaines dans 4 mille, 40 mille, 400 mille ?

9. — Combien de dizaines dans 3 cents, 5 cents, 5 mille ?

10. — Combien font 500 mille et 200 mille?

11. —   —   — 600 mille moins 300 mille?

12. —   —   — 2 fois 300 mille?

13. — Quel est le 10° de 400 mille francs? le quart de 100 mille?

14. — Combien y a-t-il de soldats dans 100 régiments de 3.000 hommes chacun?

15. — Un négociant achète pour 40 mille francs de vin et en revend immédiatement pour 15 mille; combien lui en reste-t-il?

16. — Un homme possédait 100 mille francs; il en a perdu 40 mille, combien lui en reste-t-il?

17. — **Lire et décomposer en leurs différents ordres les nombres suivants :**

1.190, 2.704, 8.645, 7.095, 1.500, 3.004, 9.595, 9.000, 54.136, 17.068, 46.504, 70.568, 40.098, 60.700, 14.000, 341.638, 740.325, 405.096, 700.653, 849.504, 675.000.

18. — **Ecrire en chiffres les nombres suivants :**

1° *Deux mille huit cent quarante-cinq; six mille trois cent soixante-douze; trois mille quatre cent huit; mille cinq cents; quatre mille six cent dix; cinq mille quatre-vingt-dix; six mille neuf; cinq mille.*

2° *Quinze mille trois cent quatre-vingt-cinq; vingt mille soixante-huit; douze mille huit cent soixante-quinze; treize mille cinq cent quatre; cinquante mille huit cent soixante-cinq; cinquante-quatre mille quatre-vingt-douze.*

3° *Trente-huit mille cent quarante; soixante-quinze mille vingt-cinq; quatre-vingt-deux mille treize; quatre-vingt-dix-huit mille; soixante mille deux cent vingt; soixante-dix-huit mille quatre; quatre-vingt-quinze mille six cent; cinquante mille.*

4° *Trois mille huit cent neuf; quarante mille soixante-treize; quatre-vingt-cinq mille six cent soixante-dix; mille six cent douze; cent trois mille cinq cent quatre-vingt-neuf; dix mille huit cent un; deux cent soixante mille trois cents.*

5° *Six cent trente-huit mille trois cent vingt-neuf; cinq cent quarante mille neuf cent cinq; sept cent quatre-vingt-dix mille trois cent soixante-quinze; neuf cent trente mille quatre-vingt-treize.*

6° *Cent quatre mille huit cent quatre-vingts; trois cent six mille soixante-douze; cinq cent quarante-six mille sept; neuf cent mille trois; huit cent mille; neuf cent quatre-vingt-dix-neuf mille neuf cent quatre-vingt-dix-neuf.*

§ VI. — Nombres exprimant des Millions.

31. Millions ou **unités de millions.** — Si au dernier nombre de mille on ajoute *un*, on obtient dix centaines de mille, dont on forme encore une nouvelle unité appelée **unité de million** ou simplement **million** ;

Le million est l'unité de 7e ordre.

32. On compte par millions comme on a compté par *mille* et par *unités simples*, en disant : un million, deux millions, trois millions, etc., neuf millions.

33. Dizaines de millions. — La réunion de dix unités de millions forme une nouvelle unité appelée **dizaine de millions** ou **unité de 8e ordre.**

34. On compte les dizaines de millions comme les dizaines de mille et les dizaines simples, en disant :

Une dizaine de millions	ou **dix millions**
Deux dizaines de millions	ou **vingt millions**
Trois dizaines de millions	ou **trente millions**
Quatre dizaines de millions	ou **quarante millions**
Cinq dizaines de millions	ou **cinquante millions**
Six dizaines de millions	ou **soixante millions**
Sept dizaines de millions	ou **soixante-dix millions**
Huit dizaines de millions	ou **quatre-vingt millions**
Neuf dizaines de millions	ou **quatre-vingt-dix millions**

35. La réunion de dix dizaines de millions forme une nouvelle unité appelée **centaine de millions** ou **unité du 9e ordre.**

36. On compte les centaines de millions comme les centaines de mille et les centaines simples, en disant :

Une centaine de millions	ou **cent millions**
Deux centaines de millions	ou **deux cents millions**
Trois centaines de millions	ou **trois cents millions**
Quatre centaines de millions	ou **quatre cents millions**
Cinq centaines de millions	ou **cinq cents millions**

Six centaines de millions   ou **six cents millions**
Sept centaines de millions   ou **sept cents millions**
Huit centaines de millions   ou **huit cents millions**
Neuf centaines de millions   ou **neuf cents millions**

37. On écrit un nombre de millions comme un nombre d'unités simples ; seulement on place sur sa droite une première tranche de trois zéros pour occuper la place des mille, puis une seconde tranche de trois zéros pour représenter les unités simples, de manière que le chiffre des unités de millions occupe le 7ᵉ rang.

On écrit ainsi :

Un million...........................	1.000.000
Quatre millions......................	4.000.000
Quinze millions.......................	15.000.000
Cent millions........................	100.000.000
Trois cents millions..................	300.000.000
Quatre-vingt-quinze millions..........	95.000.000
Huit cent quatre millions.............	804.000.000

38. Nombres de millions comprenant des mille et des unités simples. — Un nombre de millions peut aussi contenir des mille et des unités simples. Pour le nommer ou l'écrire, on place à la suite des millions le nombre des mille et le nombre des unités.

Ainsi, pour écrire le nombre *deux cent treize millions, quatre cent soixante-seize mille, huit cent sept unités ;* on écrit d'abord 213 millions, puis les 476 mille, et les 807 unités que comprend le nombre, ce qui donne :

$$213.476.807.$$

Le nombre *cinq cent huit millions, quatre-vingt-seize mille, trente quatre unités* s'écrira de même :

$$508.096.034,$$

en remplaçant par un zéro dans chaque tranche les ordres d'unités qui manquent, c'est-à-dire les dizaines de millions, les centaines de mille et les centaines d'unités simples.

On écrira de même le nombre *quatre-vingt-dix millions cent huit mille cinq* :

$$90.108.005.$$

§ VII. — NOMBRES EXPRIMANT DES BILLIONS.

39. La réunion de dix centaines de millions forme une nouvelle unité appelée **billion**. Le billion est l'unité de 10e ordre ; il vaut mille millions, comme le million vaut 1000 fois le mille.

Le billion prend quelquefois le nom de Milliard.

40. On compte les billions ou milliards, comme les millions et les mille.

41. On compterait aussi les dizaines et les centaines de billions comme les dizaines et les centaines de millions, mais ce sont de trop grands nombres pour qu'on ait besoin de les nommer.

42. Pour écrire un nombre de billions ; on met à la suite du chiffre des billions trois tranches de 3 zéros.

EXEMPLE : Le nombre *3 billions* s'écrira :

$$3.000.000.000.$$

43. S'il y a d'autres unités avec les billions, on écrit le nombre de ces unités à la suite des billions, en séparant par un point ou par un petit intervalle les tranches de 3 ordres et en remplaçant par des zéros les ordres d'unités qui ne sont pas énoncés.

Ainsi, le nombre *cinq billions cent trente millions dix-huit mille neuf*, s'écrira :

$$5.130.018.009.$$

EXERCICES

1. — Comment se nomment les unités du 7e, du 8e, du 9e, du 10e ordre ?

2. — Comment compte-t-on les millions, les dizaines de millions, les centaines de millions ?

3. — Comment se nomme l'unité formée de mille millions ?

4. — Comment se nomme l'unité formée de mille fois mille ?

5. — Comment appelle-t-on les unités du 4ᵉ, du 5ᵉ, du 3ᵉ, du 6ᵉ, du 8ᵉ, du 7ᵉ, du 9ᵉ, du 10ᵉ ordre ?

6. — Comment écrit-on un nombre de millions ? un nombre de billions ?

7. — Dites comment on écrit un nombre de millions lorsqu'il contient aussi d'autres unités ?

8. — De même pour les billions ?

9. — Que suffit-il de savoir pour écrire un nombre quelconque ?

10. — Combien y a-t-il de dizaines de millions dans cent millions ?

11. — Combien de centaines de mille dans un million ?

12. — Combien de mille dans un million ?

13. — Combien de millions dans un billion ?

14. — Combien de centaines de millions dans un billion ?

15. — Combien de millions dans 4 dizaines, dans 3 centaines de millions ?

16. — Combien de millions dans 3 billions ?

17. — Combien de mille dans 4 millions ? dans 5 billions ?

18. — A quel rang s'écrivent les centaines d'unités simples ? les centaines de mille ? les centaines de millions ?

19. — Quel rang occupent les dizaines de mille ? les millions ? les billions ? les mille ? etc.

20. — Combien faut-il de chiffres pour écrire un nombre compris entre dix et cent ? entre cent et mille ? entre mille et dix mille ? entre dix mille et cent mille ? entre cent mille et un million ?

21. — Que représente un chiffre placé au 2ᵉ rang, à partir de la droite ? au 5ᵉ rang ? au 8ᵉ rang ? au 3ᵉ rang ? au 7ᵉ rang ? etc.

22. — Combien faudrait-il de pièces de 10 francs pour faire cent francs ; de billets de 100 francs pour faire mille francs ; de billets de 500 francs pour faire deux mille francs ; de billets de 1.000 francs pour faire un million ?

23. — **Lire et décomposer les nombres :** 2.048 ; 31.469 ; 40.805 ; 785.672 ; 95.058 ; 180.720 ; 572.601 ; 809.010 ; 3.450.098 ; 7.600.815 ; 21.418.630 ; 490.067 ; 80.000 ; 900.000 ; 871.000 ; 500.699 ; 8.000.000 ; 5.000.000.000.

24. — **Ecrire en chiffres les nombres suivants :**

1° *Deux millions cent soixante-quatorze mille six cent dix-huit. Cinq millions quatre-vingt-dix mille cent soixante-seize. Sept cent quatre mille huit cent quatre-vingt-dix-neuf. Soixante-treize mille quatre-vingt-seize. Quinze millions deux cent trente mille six cent soixante-dix-huit. Quatre cent cinq millions soixante-onze mille huit cent quatre-vingt-dix.*

2° Trois millions quatre cent vingt mille huit cent soixante-douze. Quarante-cinq millions sept cent soixante. Quatre millions. Deux billions cent huit millions quatre-vingt-quatorze mille cinquante.

3° Cinq cent mille. Neuf cent trente millions quarante-cinq mille quatre-vingt-trois. Quatre cent trente-cinq mille neuf. Six millions sept cent quarante-cinq. Six cent mille quatre-vingt-douze. Sept millions huit mille neuf cent quatre.

4° Trente-neuf mille neuf cent quatre-vingt-dix-neuf. Neuf cent quatre-vingt-dix-neuf mille un. Huit millions cent soixante-quinze mille quatre-vingt-dix-neuf. Trois cent mille huit cent soixante. Quatre millions cinq mille quatre-vingt-dix-huit. Cinq millions.

§ VIII. — Résumé.

44. Les nombres sont formés d'unités de différents ordres : unités, dizaines, centaines, mille, dizaines de mille, centaines de mille, etc.

Chacune de ces unités vaut 10 fois celle qui la précède.

45. Les divers ordres se groupent en classes comprenant chacune des unités, des dizaines et des centaines.

En voici le tableau :

4° CLASSE BILLIONS			3° CLASSE MILLIONS			2° CLASSE MILLE			1re CLASSE UNITÉS		
Centaines	Dizaines	Unités	Centaines	Dizaines	Unités	Centaines	Dizaines	Unités	Centaines	Dizaines	Unités
12°	11°	10°	9°	8°	7°	6°	5°	4°	3°	2°	1er

46. On a vu que neuf chiffres suffisent à représenter les unités de tous les ordres.

47. Le zéro, qui n'a aucune valeur par lui-même, sert à remplacer les ordres d'unités qui manquent dans l'énoncé d'un nombre.

48. Afin de pouvoir représenter tous les nombres avec un aussi petit nombre de chiffres, on est convenu que *tout chiffre placé à la gauche d'un autre représenterait des unités dix fois plus fortes que cet autre.*

49. Il résulte de là que chaque chiffre a deux valeurs : l'une *absolue* et l'autre *relative.*

La valeur absolue d'un chiffre est celle qu'il a par lui-même, employé seul ; la valeur relative est celle que lui donne le rang qu'il occupe dans un nombre. Ainsi, dans le nombre 486, la valeur absolue du chiffre 8 est 8 unités et sa valeur relative 8 dizaines.

50. Lecture d'un nombre. — Pour lire un nombre écrit en chiffres, on partage ce nombre, s'il ne l'est déjà, en tranches de trois chiffres, en allant de droite à gauche ; puis on lit chaque tranche, en commençant par la gauche et en lui donnant le nom de la classe qu'elle représente.

Ainsi, le nombre 7.645 se lit sept mille, six cent quarante-cinq.

Le nombre 8.450.097 se lit huit millions, quatre cent cinquante mille, quatre-vingt-dix-sept.

51. Écriture d'un nombre. — Pour écrire un nombre quelconque, il suffit de savoir écrire un nombre de trois chiffres. On écrit de gauche à droite chaque classe, comme si elle était seule, à partir des plus hautes unités, en ayant soin de remplacer par des zéros les ordres ou les tranches qui manquent dans l'énoncé du nombre.

Ainsi, pour représenter *trois millions, sept cent quatre mille cinq cent quarante,* on écrit d'abord la classe la plus élevée, c'est-à-dire 3 millions, puis celle des mille qui se compose de 704 mille, puis celle des unités qui comprend 540 unités, ce qui donne : 3.701.540.

52. Rendre un nombre 10, 100, 1000 plus grand.

Pour rendre un nombre 10 fois plus grand, on met un zéro sur sa droite.

Pour rendre un nombre 100 fois plus grand, on met deux zéros sur sa droite.

Pour rendre un nombre 1000 fois plus grand, on met trois zéros sur sa droite.

Ex. : Le nombre 10 fois plus grand que 34 est   340
       —   100   —   3.400
       —   1000   —   34.000

QUESTIONNAIRE

1. — Comment sont formés les nombres ?

2. — Comment se groupent les divers ordres d'unités ?

3. — Quels sont les noms des classes ?

4. — A quoi sert le zéro dans un nombre ?

5. — Comment a-t-on pu représenter tous les nombres au moyen d'un très petit nombre de chiffres ?

6. — Qu'appelle-t-on valeur absolue, valeur relative d'un chiffre ?

7. — Comment lit-on un nombre écrit en chiffres ?

8. — Comment écrit-on un nombre quelconque ?

§ IX. — Nombres décimaux.

53. Si l'on partage une longueur quelconque en dix parties égales, chaque partie est dix fois plus petite que la longueur et représente un dixième de cette longueur. On dit alors que **l'unité vaut dix dixièmes.**

54. Le dixième peut aussi être partagé en dix parties égales, et chacune de ces nouvelles parties sera alors contenue 10 fois dans le dixième et par [conséquent 10 fois 10 fois ou 100 fois dans l'unité ; on l'appelle pour cette raison **centième.**

Le dixième vaut donc 10 centièmes.

55. On pourrait de même partager le centième en 10 parties égales ; chacune de ces nouvelles parties serait alors contenue 10 fois dans le centième, 10 fois 10 fois ou 100 fois dans le dixième et 10 fois 100 fois ou 1000 fois dans l'unité ; c'est pourquoi on l'appelle **millième.**

56. Donc un centième vaut 10 millièmes.

En continuant ainsi on obtient le **dix-millième**, qui est contenu 10 fois dans le millième, 10 fois 10 fois ou 100 fois dans le centième, 10 fois 100 fois ou 1000 fois dans le dixième et enfin 10 fois 1000 fois ou 10.000 fois dans l'unité ; c'est pourquoi on l'appelle *un dix-millième.*

57. On obtient de même les cent-millièmes, les milliònnièmes, etc.

58. Définitions : On appelle **décimales** une ou plusieurs parties de l'unité divisée en dix, cent, mille, dix mille, etc. parties égales.

59. Un **nombre décimal** est un nombre entier suivi de dixièmes, de centièmes, etc.

60. Comment on écrit un nombre décimal. — *Pour écrire un nombre décimal, on écrit d'abord la partie entière ou un zéro s'il n'y en a pas et l'on met une virgule, puis :*

$$\begin{array}{lll}
\textit{on écrit les} & \textit{dixièmes} & \textit{au 1}^{er}\textit{ rang,} \\
\text{---} & \textit{centièmes} & \textit{au 2}^{e}\textit{ rang,} \\
\text{---} & \textit{millièmes} & \textit{au 3}^{e}\textit{ rang,} \\
\text{---} & \textit{dix-millièmes} & \textit{au 4}^{e}\textit{ rang,}
\end{array}$$

à droite de la virgule, etc.

Ainsi 6 unités 15 centièmes s'écrivent 6,15 ;

25 unités 35 millièmes   —   25,035,

le 0 tient la place des dixièmes.

75 centièmes s'écrivent 0,75 ; ici le zéro tient la place des unités.

61. Lecture d'un nombre décimal. — *Pour lire un nombre décimal, on énonce d'abord la partie entière, s'il y en a une, puis toute la partie décimale, à laquelle on donne le nom de la dernière unité décimale à droite.*

Ainsi, le nombre 34,75 se lit 34 unités 75 centièmes ; de même le nombre 0,045 se lit 45 millièmes.

62. Principes : 1° *On ne change pas la valeur d'un nom-*

bre décimal si l'on écrit ou si l'on supprime un ou plusieurs zéros à sa droite.

Ainsi, 27,5 est la même chose que 27,50, car le 0 centième qui a été ajouté dans le second nombre n'a aucune valeur.

Il en est de même de 7,650 et de 7,65.

2° *Un nombre décimal devient dix, cent, mille fois plus grand ou plus petit si l'on transporte la virgule de 1, 2, 3 rangs vers la droite ou vers la gauche.*

Ainsi, le nombre 3,645 devient 100 fois plus grand si l'on écrit 364,5.

En effet, on a dans le 1er cas 3645 millièmes et dans le second cas 3645 dixièmes, c'est-à-dire des unités 100 fois plus grandes : donc le nombre est devenu 100 fois plus grand.

De même, le nombre 476,5 devient 100 fois plus petit, si l'on écrit 4,765

QUESTIONNAIRE

1. — Qu'appelle-t-on unités décimales ou simplement décimales ?

2. — Qu'est-ce qu'un nombre décimal ?

3. — Comment écrit-on un nombre décimal ?

4. — Comment lit-on un nombre décimal ?

5. — Qu'arrive-t-il si l'on écrit ou si l'on supprime un ou plusieurs zéros à la droite d'un nombre décimal ?

6. — Comment rend-on un nombre décimal dix, cent, mille... fois plus grand ? dix, cent, mille... fois plus petit ?

EXERCICES

1. — Lire les nombres décimaux qui suivent :

0,5 ; 2,4 ; 3,75; 0,45 ; 1,035 ; 0,085 ; 3,015 ; 0,415 : 2,0754 ; 0,0843 ; 15,705 ; 25,0036 ; 0,2408 ; 0,6042 ; 7,00458 ; 0,00658 ; 35,048065.

2. — Ecrire les nombres décimaux suivants :

3 *unités* 5 *dixièmes*; 7 *unités* 34 *centièmes* ; 4 *unités* 8 *centièmes* ; 6 *unités* 7 *millièmes* ; 4 *unités* 35 *dix-millièmes* ; 3 *unités* 7 *millièmes*; 15 *unités* 90 *millièmes* ; 8 *unités*, 75 *dix-millièmes*; 6 *dixièmes*; 40 *millièmes* ; 104 *dix-millièmes* ; 45 *unités* 2304 *cent-millièmes*; 3 *cent-millièmes*; 4 *unités*, 125 *millionièmes*.

3. — Rendre 100 fois plus grands chacun des nombres : 7,132 ; 6,45 ; 8,7 ; 23,465 ; 17,0046 ; 0,4008 ; 3,04.

4. — Rendre 1000 fois plus petits chacun des nombres : 8.456,7 ; 528,3 ; 95,49 ; 5,678.

5. — Combien un dixième vaut-il de centièmes ? de millièmes ?

6. — Combien le centième vaut-il de millièmes ? de dix-millièmes ?

7. — Combien le millième vaut-il de dix-millièmes ? de cent-millièmes ? de millionièmes ?

8. — Combien y a-t-il de dixièmes dans 3 unités ? Combien de centièmes dans 2 unités 3 dixièmes ?

9. — Combien y a-t-il d'unités dans 30 dixièmes ? dans 645 centièmes ?

10. — Combien le nombre 4,0586 renferme-t-il de dixièmes ? de centièmes ? de dix-millièmes ?

11. — Combien faut-il de chiffres décimaux pour représenter les centièmes ? les dix-millièmes ? les millionièmes ?

12. — Quelle est l'unité cent fois plus petite que la dizaine ? mille fois plus petite que la centaine ?

CHAPITRE II

DU CALCUL

63. Le **calcul** est l'ensemble des opérations, c'est-à-dire des changements qu'on peut faire sur les nombres.

64. On compte en arithmétique quatre opérations élémentaires principales, qui sont l'**Addition**, la **Soustraction**, la **Multiplication** et la **Division**.

Ces opérations sont appelées les quatre premières opérations ou les quatre premières règles.

65. Preuve. — On appelle *preuve* une seconde opération que l'on fait pour s'assurer que la première est bien faite.

I. — ADDITION

Exemple : *Le père de Lucien a gagné hier 5 francs ; s'il en gagne 4 aujourd'hui et 3 demain, combien aura-t-il gagné dans les 3 jours ?*

Pour le savoir, il faut ajouter aux 5 francs du premier jour, les 4 francs du second jour, puis au résultat les 3 francs du troisième jour, c'est-à-dire réunir en un seul nombre toutes les unités de 5, 4 et 3.

Or,   1 1 1 1 1 plus 1 1 1 1 font 1 1 1 1 1 1 1 1 1 (9)

et 1 1 1 1 1 1 1 1 1 plus 1 1 1 font 1 1 1 1 1 1 1 1 1 1 1 1

ou 12 francs.

Cette opération est une addition.

66. Définition : *L'Addition est une opération par laquelle on réunit plusieurs nombres de même nature en un seul.*

Le résultat se nomme **somme** *ou* **total.**

67. On indique l'addition par le signe $+$, qui s'énonce *plus* et qu'on place entre les nombres à additionner.

Le signe $=$ signifie égale. Ex. : $6 + 5 = 11.$

ADDITION DES NOMBRES ENTIERS

68. 1ʳᵉ Règle. — *Pour additionner deux ou plusieurs nombres d'un seul chiffre, on peut ajouter une à une au premier nombre toutes les unités du second, puis au résultat toutes les unités du 3ᵉ nombre, et ainsi de suite.* (Voir l'exemple ci-dessus.)

69. On abrège l'opération en apprenant de mémoire dès le début, ce que l'on appelle la *Table d'addition*. C'est un tableau qui renferme les totaux des nombres simples, pris deux à deux.

70. Remarque i. — Cette table permet aussi d'ajouter sans difficulté un nombre d'un seul chiffre à un nombre de deux ou plusieurs chiffres.

Par exemple, pour additionner 14 et 5, on dira 4 et 5, 9 ; 14 et 5, 19. On dira de même 37 et 8, 45, en pensant que 7 et 8 font 15 ; 113 et 4, 117, en pensant que 3 et 4 font 7, etc.

TABLE D'ADDITION

1 et 1 font 2	2 et 1 font 3	3 et 1 font 4
1 — 2 — 3	2 — 2 — 4	3 — 2 — 5
1 — 3 — 4	2 — 3 — 5	3 — 3 — 6
1 — 4 — 5	2 — 4 — 6	3 — 4 — 7
1 — 5 — 6	2 — 5 — 7	3 — 5 — 8
1 — 6 — 7	2 — 6 — 8	3 — 6 — 9
1 — 7 — 8	2 — 7 — 9	3 — 7 — 10
1 — 8 — 9	2 — 8 — 10	3 — 8 — 11
1 — 9 — 10	2 — 9 — 11	3 — 9 — 12
4 et 1 font 5	5 et 1 font 6	6 et 1 font 7
4 — 2 — 6	5 — 2 — 7	6 — 2 — 8
4 — 3 — 7	5 — 3 — 8	6 — 3 — 9
4 — 4 — 8	5 — 4 — 9	6 — 4 — 10
4 — 5 — 9	5 — 5 — 10	6 — 5 — 11
4 — 6 — 10	5 — 6 — 11	6 — 6 — 12
4 — 7 — 11	5 — 7 — 12	6 — 7 — 13
4 — 8 — 12	5 — 8 — 13	6 — 8 — 14
4 — 9 — 13	5 — 9 — 14	6 — 9 — 15
7 et 1 font 8	8 et 1 font 9	9 et 1 font 10
7 — 2 — 9	8 — 2 — 10	9 — 2 — 11
7 — 3 — 10	8 — 3 — 11	9 — 3 — 12
7 — 4 — 11	8 — 4 — 12	9 — 4 — 13
7 — 5 — 12	8 — 5 — 13	9 — 5 — 14
7 — 6 — 13	8 — 6 — 14	9 — 6 — 15
7 — 7 — 14	8 — 7 — 15	9 — 7 — 16
7 — 8 — 15	8 — 8 — 16	9 — 8 — 17
7 — 9 — 16	8 — 9 — 17	9 — 9 — 18

71. Remarque ii. — L'addition de deux nombres de deux chiffres se fait aussi très simplement de tête : il suffit d'ajouter au premier les dizaines du second, puis au résultat les unités du second.

Ainsi, pour additionner 39 et 25, on dira 39 et 20 font 59, et 5, 64.

De même 27 et 18 donnent 27 et 10, 37 ; et 8, 45.
 —   54 et 28   —   54 et 20, 74 ; et 8, 82.
 —   65 et 37   —   65 et 30, 95 ; et 7, 102.

72. 2ᵉ Règle. — *Pour additionner des nombres de plusieurs chiffres, on écrit les nombres donnés les uns sous les autres, de manière que les unités soient sous les unités, les dizaines sous les dizaines, les centaines sous les centaines, et ainsi de suite. On souligne le tout, puis commençant par la droite on fait la somme des unités de chaque colonne. Si la somme ne dépasse pas 9, on l'écrit au-dessous ; si elle dépasse 9, on n'écrit que ses unités et l'on retient ses dizaines pour les ajouter à la colonne suivante, sur laquelle on opère comme sur la précédente, et on continue ainsi jusqu'à la dernière colonne, dont on écrit le résultat tel qu'on le trouve.*

Soit à additionner les nombres 487, 365 et 542.

487   Après avoir écrit les nombres les uns sous les autres, de
365   manière que les unités du même ordre soient dans une
542   même colonne verticale, et tiré un trait au-dessous du dernier,
───
1.394 on additionne les chiffres contenus dans la 1ʳᵉ colonne à
droite, en disant : 7 et 5 font 12 et 2 font 14 ; je pose 4 et je retiens
1. Puis passant à la colonne suivante, on dit : 1 de retenue et 8
font 9, et 6 font 15, et 4 font 19 ; je pose 9 et je retiens 1.
Passant à la 3ᵉ colonne, 1 de retenue et 4 font 5, et 3 font 8, et 5
font 13, que j'écris au-dessous.

Le résultat cherché est 1.394.

En effet, ce total contient toutes les unités, toutes les dizaines,
toutes les centaines dont se composent les nombres proposés :
donc c'est bien leur somme.

73. Preuve. — Pour faire la preuve de l'addition, on recommence l'opération en comptant de bas en haut et l'on doit trouver le même total que dans la première opération.

ADDITION DES NOMBRES DÉCIMAUX

74. Règle. — *Pour faire l'addition des nombres décimaux, on opère comme si les nombres étaient entiers, puis au total on sépare, à partir de la droite, autant de chiffres*

décimaux qu'il y en a dans celui des nombres qui en con-
tient le plus.

Exemple :

$$34, 75$$
$$17, 483$$
$$8, 05$$
$$7, 4$$
$$\overline{67, 683}$$

QUESTIONNAIRE

1. — Qu'est-ce que le calcul ?
2. — Combien compte-t-on d'opérations principales en arithmé
tique ?
3. — Qu'appelle-t-on preuve en arithmétique ?
4. — Qu'est-ce que l'addition ?
5. — Comment indique-t-on l'addition de deux ou plusieurs
nombres ?
6. — Comment additionne-t-on deux ou plusieurs nombres d'un
seul chiffre ?
7. — Comment peut-on abréger l'opération ?
8. — Montrer comment on peut additionner un nombre d'un seul
chiffre à un nombre de deux chiffres ?
9. — De même pour deux nombres de deux chiffres chacun ?
10. — Comment additionne-t-on des nombres de plusieurs chiffres ?
11. — Comment se fait la preuve de l'addition ?
12. — Comment se fait l'addition des nombres décimaux ?

EXERCICES

1. — Comptez par 2, à partir de 1 jusqu'à 100.
2. —   —   2, à partir de 2   —
3. —   —   3, à partir de 3   —
4. —   —   3, à partir de 4   —
5. —   —   3, à partir de 5   —
6. — Comptez de même par 4, par 5, etc.

7. — **Effectuer de tête les additions suivantes :**

1. { 20 et 40 ; 30 et 20 ; 50 et 30 ; 60 et 30 ; 70 et 20.
   { 20 et 14 ; 30 et 17 ; 50 et 35 ; 60 et 34 ; 70 et 13.

2.

$2.\begin{cases}49 \text{ et } 20; \quad 27 \text{ et } 30; \quad 48 \text{ et } 50; \quad 84 \text{ et } 10; \quad 94 \text{ et } 10. \\ 71 \text{ et } 15; \quad 63 \text{ et } 25; \quad 39 \text{ et } 14; \quad 58 \text{ et } 15; \quad 74 \text{ et } 25.\end{cases}$

$3.\begin{cases}200 \text{ et } 350; 400 \text{ et } 280; 740 \text{ et } 120; 630 \text{ et } 240; 760 \text{ et } 210. \\ 155 \text{ et } 240; 636 \text{ et } 170; 813 \text{ et } 340; 745 \text{ et } 630; 844 \text{ et } 605.\end{cases}$

8. — Calcul écrit. Faire les additions suivantes et la preuve de chacune d'elles :

3.465	74.605	40.163	260.075
723	8.492	7.258	74.568
5.182	16.765	69.276	15.429
640	20.420	15.360	68.543

9. — Faire les opérations suivantes dans divers sens :

1. — 24.608 + 7.439 + 435.085 + 679 + 58.319
2. — 6.495 + 12.568 + 85.763 + 7.846 + 149.625
3. — 17.308 + 5.947 + 73.568 + 954 + 73.436

4. — 608.491 + 17.635 + 420.968 + 18.265 + 804.630
5. — 74.600 + 28.490 + 85.439 + 8.672 + 94.875
6. — 127.508 + 73.566 + 274.568 + 9.463 + 287.618

7. — 687,35 + 35,465 + 84,96 + 7,058
8. — 49,07 + 8,072 + 75,458 + 17,0049
9. — 172,483 + 19,470 + 123,25 + 39,4705

PROBLÈMES ORAUX

1. — *Un ouvrier a gagné 75 francs dans le mois, son fils 35 francs ; combien ont-ils gagné ensemble ?*

2. — *Un jeune homme possédait 52 francs dans sa tirelire et il y a ajouté 9 francs ; quel est maintenant son avoir ?*

3. — *Lucien a 18 plumes dans une boîte et 23 dans une autre ; combien a-t-il de plumes en tout ?*

4. — *Un jeune homme a 17 ans ; quel âge aura-t-il dans 13 ans ?*

5. — *Un fermier a trois domestiques ; il donne au premier 370 francs, au second 415 francs et au troisième 320 francs. Combien leur donne-t-il en tout ?*

6. — *Un maquignon achète une première fois 245 chevaux, puis 15 une autre fois. Quel est le nombre de chevaux qu'il possède alors ?*

7. — *Un négociant vend 45 pièces de vin de Mâcon et 8 pièces de vin de Bordeaux. Quelle est la quantité totale vendue ?*

8. — *Un entrepreneur reçoit deux voitures de plâtre ; la première contient 75 sacs et la seconde 68 ; combien a-t-il reçu de sacs ?*

9. — *Un ouvrier a reçu 47 francs pour la première quinzaine du mois de janvier, 53 francs pour la seconde et 65 francs pour la première quinzaine de février ; quelle somme a-t-il reçue pour ces 3 quinzaines ?*

10. — *Un négociant vend pour 358 francs de vin, 148 francs d'alcool et 235 francs de liqueurs. Quel est le montant de sa vente ?*

11. — *Un pêcheur a vendu pour 48 francs de poisson hier et pour 7 francs de plus aujourd'hui. Quel est le montant de sa vente pour ces deux jours ?*

12. — *Combien y a-t-il de jours du 1ᵉʳ janvier au 31 mars, le mois de février n'ayant que 28 jours ?*

13. — *J'ai payé 54 francs au boulanger, 75 francs au boucher et 25 francs à l'épicier. Combien ai-je payé en tout ?*

14. — *Louis est né en 1890 ; en quelle année aura-t-il 24 ans ?*

15. — *Il me reste 65 francs après avoir payé 35 francs ; combien avais-je auparavant ?*

16. — *Une chambre a 8 mètres de long sur 5 mètres de large ; quel est son pourtour ?*

17. — *Un aubergiste a payé pour une pièce 95 francs d'achat et 38 francs pour droits et frais de transport ; combien doit-il la revendre pour gagner 25 francs ?*

PROBLÈMES ÉCRITS

1. — Un propriétaire a acheté une maison 7.845 francs ; combien doit-il la revendre pour gagner 1.560 francs ?

2. — On met dans un sac 695 francs en or, 476ᶠ,50 en argent et 16ᶠ,25 en monnaie de bronze ; quelle somme contient le sac ?

3. — Un ménage dépense 560 francs pour son loyer, 1.285 francs pour sa nourriture, 730 francs pour son entretien et 355 francs pour frais divers. Quelle est la dépense totale ?

4. — Un marchand achète pour la somme de 348ᶠ,60 un vieux meuble qui lui coûte en-outre 58ᶠ,45 de réparations. Il gagne en le revendant 45ᶠ,70 ; combien l'a-t-il revendu ?

5 — Un cultivateur a récolté pour 9.645 francs de blé, 3.278 francs

de seigle, 5.674 francs d'avoine, 3.076 francs d'orge et 4.973 francs
de fourrages divers. Quel est le produit total de sa récolte ?

6. — Un courrier doit parcourir 390 kilomètres une première
fois, puis 175 kilomètres et enfin 513 kilomètres. Quelle est la longueur totale du chemin qu'il doit faire ?

7. — Un employé dépense annuellement 345 francs pour son logement, 1.125 francs pour sa nourriture et 470 francs pour son entretien et ses menus plaisirs. Que gagne-t-il par an s'il économise
560 francs ?

8. — Le rez-de-chaussée d'une maison est loué 6.425 francs, le
premier étage ainsi que le deuxième 5.375 francs chacun, et enfin
le troisième 4.525 francs. Combien cette maison rapporte-t-elle?

9. — Une propriété se compose de 175 hectares de terres labourables, 29 hectares de prairies naturelles et artificielles, 67 hectares
de bois et d'un vivier ayant 3 hectares de surface. Quelle est
l'étendue totale de cette propriété ?

10. — Un fermier a vendu au marché 8 sacs de pommes de terre
pour 42^f,50, 3 sacs de châtaignes pour 15^f,40 et 4 sacs de blé pour
63^f,85. Quelle somme retire-t-il de cette vente ?

11. — Dans un ménage on a dépensé en janvier pour 27^f,50 de
charbon, pour 23^f,45 en février et 26^f,40 en mars. A combien s'élève
la dépense de charbon pour ces 3 mois?

12. — La construction d'une route est confiée à trois entrepreneurs ; le premier doit en faire 24.375 mètres, le deuxième 21.598 m.
et le troisième 17.549 mètres. Quelle est la longueur totale de cette
route ?

13. — Un marchand de chevaux a acheté un cheval pour 458^f,75
et un poulain pour 178^f,60. Il les revend avec un bénéfice de 138 fr.
Quelle somme reçoit-il ?

14. — Un homme a gagné dans une première semaine 28^f,90,
dans une seconde semaine il a gagné 6 francs de plus que dans la
première, et enfin dans une troisième semaine il a reçu 29^f,75.
Combien a-t-il gagné en totalité dans les 3 semaines ?

15. — Un marchand achète pour 24.935 francs de drap et 33.849 fr.
de mérinos. S'il veut gagner 2.365 francs sur la totalité, combien
devra-t-il revendre sa marchandise?

16. — Un négociant achète pour 25.348 francs de sucre, 19.329 fr.
de café, 875 francs de thé, 3.746 francs de savon et 13.054 francs
d'huile ; il se propose de gagner 18.475 francs sur le tout. Quel
sera le total de la vente?

17. — La maçonnerie d'un hôtel a été payée 845.375 francs, la

charpente 325.479 francs, la serrurerie 89.745 francs, la menuiserie 273.879 fr., la peinture et la vitrerie 129.454 francs ; enfin, le terrain avait coûté 45.373 francs. Quel est le prix de revient de cet hôtel?

18. — Un industriel se met dans le commerce en possession de 75.485 francs ; son industrie le force à dépenser immédiatement 35.715 francs, et, au bout de neuf ans, il vend son fonds en réalisant un bénéfice de 45.000 francs. Combien vend-il ce fonds?

II. — SOUSTRACTION

75. *Paul avait 9 billes, il en perd 5 en jouant avec un de ses camarades ; combien lui en reste-t-il?*

Pour le savoir, il faut ôter de 9 toutes les unités de 5 ou, ce qui revient au même, chercher quel nombre il faut ajouter à 5 pour avoir 9.

```
De        1 1 1 1 1  1 1 1 billes
ôtons  1 1 1 1 1          billes
il reste          1 1 1 1 billes ( 4 ).
```

De même, si à 1 1 1 1 1 billes on ajoute 1 1 1 1 billes, on a 1 1 1 1 1 1 1 1 1 (9) billes.

Cette opération est une soustraction.

76. Définition. — *La* **Soustraction** *est une opération qui a pour but de retrancher un nombre d'un autre nombre plus grand, ou de chercher combien on devrait ajouter au plus petit nombre pour avoir* **le plus grand.**

Le résultat se nomme **reste, excès** *ou* **différence.**

77. On indique la soustraction par le signe — qui veut dire moins. Ainsi 12 — 8 se lit : 12 moins 8 = 4.

SOUSTRACTION DES NOMBRES ENTIERS

78. 1ʳᵉ Règle. — *Pour retrancher un nombre d'un seul chiffre d'un autre nombre qui ne le surpasse pas de plus de 9, il suffit de retrancher une à une du plus grand toutes les unités du plus petit.*

Soit 6 à retrancher de 13 ; on dira : 13 moins 1, 12 ; 12 moins 1, 11 ; 11 moins 1, 10 ; 10 moins 1, 9 ; 9 moins 1, 8 ; 8 moins 1, 7 ; ce qui revient à compter 6 nombres inférieurs successifs à partir de 13 ; le dernier nombre obtenu est le résultat.

On peut aussi, comme cela se fait souvent dans la pratique, ajouter successivement au plus petit nombre autant d'unités que cela est nécessaire pour égaler le plus grand.

On dira ainsi : 6 plus 1, 7 ; plus 1, 8 ; plus 1, 9 ; plus 1, 10 ; plus 1, 11 ; plus 1, 12 ; plus 1, 13. Comme on a ajouté 7 unités au plus petit nombre 6, le résultat de l'opération est 7.

Mais il faut s'habituer de bonne heure à trouver sur le champ ces résultats, ce qui est facile au moyen de la table d'addition. Ainsi, on dira : 9 ôté de 15, il reste 6, car on sait que 9 plus 6 font 15.

79. 2e Règle. — *Pour retrancher un nombre quelconque d'un autre nombre, on écrit le plus petit nombre sous le plus grand, de manière que les unités soient sous les unités, les dizaines sous les dizaines, les centaines sous les centaines, et ainsi de suite ; on souligne le tout. Puis commençant par la droite, on retranche chaque chiffre inférieur du chiffre supérieur correspondant et l'on écrit la différence au-dessous.*

Si un chiffre du nombre inférieur est plus fort que le chiffre supérieur correspondant, on augmente celui-ci de 10 pour rendre la soustraction possible ; mais, par compensation, on augmente de 1 le chiffre inférieur suivant.

Soit à retrancher 3.458 de 5.249.

Après avoir écrit le plus petit nombre sous le plus grand, de manière que les unités de même ordre se correspondent, et tiré un trait au-dessous, on dit, en commençant par la droite : 8 de 9, il reste 1, que j'écris ; 5 de 4 cela ne se peut ; j'augmente le chiffre 4 de 10, je dis alors 5 ôté de 14, il reste 9, que j'écris aux dizaines ; 1 de retenue et 4 font 5, ôté de 2, cela ne se peut ; 5 ôté de 12, il reste 7, que j'écris aux centaines. Enfin, 1 de retenue et 3, 4 ; ôté de 5, il reste 1.

Le reste cherché est 1.791 ; ce nombre représente bien, en effet, ce qui reste après avoir ôté du plus grand nombre toutes les unités du plus petit, ou ce qu'il faudrait ajouter au plus petit nombre pour avoir le plus grand.

80. Remarque. — Il est facile de voir en qu'opérant ainsi, on augmente alternativement les deux nombres de la soustraction d'une même quantité et que par conséquent leur différence n'a pas changé.

81. Preuve. — Pour faire la preuve de la soustraction, on ajoute le reste au plus petit nombre et l'on doit retrouver le plus grand, si l'opération a été bien faite.

EXEMPLE : 3.458 + 1.791 = 5.249, ce qui justifie l'opération ci-dessus.

SOUSTRACTION DES NOMBRES DÉCIMAUX

82. Règle. — *La soustraction des nombres décimaux se fait comme celle des nombres entiers ; mais on sépare au résultat, à partir de la droite, autant de chiffres décimaux qu'il y en a dans celui des nombres qui en contient le plus.*

1er EXEMPLE :	2e EXEMPLE :	3e EXEMPLE :
240,765	74,648	453,65
79,458	19,85	75,468
161,207	54,798	378,182

Dans le 3e exemple, on supplée le chiffre des millièmes qui manque au nombre supérieur, en mettant, par la pensée, un zéro à la place que ce chiffre devait occuper.

QUESTIONNAIRE

1. — Qu'est-ce que la soustraction ?
2. — Comment indique-t-on la soustraction de deux nombres ?
3. — Comment retranche-t-on un nombre d'un seul chiffre d'un autre nombre d'un seul ou de deux chiffres, le résultat ne dépassant pas 9 ?
4. — Comment se fait la soustraction de deux nombres quelconques ?
5. — Comment fait-on la preuve de la soustraction ?
6. — Comment se fait la soustraction des nombres décimaux ?

EXERCICES

1. — Comptez par 2, à partir de 100, en rétrogradant ?
2. — Comptez par 2, à partir de 99, —
3. — Comptez par 3, à partir de 100, —
　　　— 　　　à partir de 99, —
　　　— 　　　à partir de 98, —

Comptez de même par 5, par 6, par 7, par 8, par 9.

4. — Effectuer de tête les soustractions suivantes ·

1. 50 — 30 =; 60 — 40 =; 80 — 30 =; 90 — 40 =
    60 — 25 =; 70 — 35 =; 50 — 15 =; 80 — 55 =

2. 75 — 30 =; 48 — 20 =; 76 — 30 =; 75 — 40 =
    43 — 10 =; 74 — 30 =; 58 — 20 =; 63 — 30 =

3. 72 — 22 =; 85 — 15 =; 39 — 19 =; 52 — 17 =
    83 — 41 =; 76 — 52 =; 48 — 35 =; 65 — 42 =

4. 104 — 74 =; 248 — 108 =; 369 — 99 =; 187 — 67 =
    340 — 108 =; 412 — 230 =; 568 — 349 =; 275 — 140 =

5. — Calcul écrit. Effectuer les opérations suivantes :

1.
375	5.274	8.842	43.075	371.045
142	2.543	4.751	13.428	256.728

2.
234,5	675,45	34,358	75,63	489,7
172,4	89,39	17,49	29,465	28,845

3. — 17.421 — 6.853 ; 13.704 — 9.468 ; 420.058 — 92.709
4. — 40.135 — 17.348 ; 25.425 — 13.079 ; 754.702 — 149.753
5. — 205.069 — 182.804 ; 365.018 — 185.659 : 450.640 — 95.809

6. — 26,45 — 15,98 ; 30,483 — 16,75 ; 8,423 — 4,59
7. — 355,27 — 150,15 ; 74,8 — 54,65 ; 21,7 — 6,58
8. — 100,49 — 58,675 ; 12,065 — 9,0748 ; 19,0788 — 14,26

PROBLÈMES ORAUX

1. — *Un épicier vend 75 centimes un objet qui lui a coûté 55 centimes ; combien gagne-t-il ?*

2. — *Je devais 35 francs, mais je ne dois plus que 14 francs ; quelle somme ai-je donnée ?*

3. — *Un berger conduisait 200 moutons lorsqu'il en a égaré 12 ; combien lui en reste-t-il ?*

4. — *Je revends 38 francs un objet que j'avais payé 25 francs ; combien ai-je gagné ?*

5. — *Un négociant s'était engagé à me fournir 42 hectolitres de vin ; il m'en a déjà procuré 34 hectolitres. Quelle quantité me doit-il encore ?*

6. — *Un ouvrier achète une montre pour 50 francs ; il donne immédiatement 20 francs ; un mois après, il donne encore 12 fr. Combien devra-t-il donner encore pour s'acquitter ?*

7. — *Une école avait l'année dernière 300 élèves ; il en sort 50 et il en entre 60 nouveaux. Combien y aura-t-il d'élèves cette année ?*

8. — *Je devais 150 francs ; mais j'ai donné 10 acomptes de 12 francs chacun. Quelle somme dois-je encore ?*

9. — *J'ai donné à mon tailleur un billet de 500 francs pour solder une dette de 350 francs ; que doit-il me rendre ?*

10. — *Une pièce de terre contenait 158 ares ; on en a pris 6 ares pour faire une maison et 15 ares pour un jardin ; combien d'ares reste-t-il encore dans la pièce ?*

11. — *Sur une année de 365 jours, les élèves d'une école n'ont fréquenté la classe que 280 jours ; combien y a-t-il eu de jours de repos ?*

12. — *Une personne a eu 35 ans en 1894 ; en quelle année est-elle née ?*

13. — *Paul a reçu une pièce de 10 francs pour payer un livre de 3 francs et d'autres fournitures qui se sont élevées à 4 francs. Quelle somme doit-on lui rendre ?*

14. — *Un franc vaut 100 centimes ; que manque-t-il à 65 centimes pour faire un franc ?*

15. — *Un enfant a 11 ans ; dans combien d'années aura-t-il 60 ans ?*

16. — *Un mouton a coûté 25 francs ; un second, 7 francs de moins ; combien ont-ils coûté ensemble ?*

17. — *Un homme est né en 1831 ; quel âge a-t-il en 1894 ?*

18. — *Un marchand achète un cheval pour le prix de 650 fr., sur lequel il donne un acompte de 378 francs ; que redoit-il ?*

19. — *Un ouvrier a gagné en 6 mois 745 francs et a dépensé dans le même temps 610 francs ; quel est le montant de ses économies ?*

20. — *Un bassin contient 75 hectolitres d'eau ; on en fait écouler une première fois 25 hectolitres et une seconde fois 13 hectolitres ; combien en reste-t-il dans le bassin ?*

PROBLÈMES ÉCRITS

1. — Un troupeau se composait de 184 moutons ; on en vend 65 ; quel est le nombre de ceux qui restent ?

2. — Un bois contenait 378 gros chênes et on en a vendu 135 : combien en reste-t-il ?

3. — Un tonneau contenait 272 litres ; combien en reste-t-il après qu'on en a mis 241 en bouteilles ?

4. — Un marchand s'en va au marché emportant 875 francs ; il ne rapporte que 154 francs : quelle somme a-t-il dépensée ?

5. — Une bourse contenait 118 francs ; on en a tiré 27 francs pour payer une dépense effectuée et 15 francs pour une famille pauvre ; combien la bourse renferme-t-elle maintenant ?

6. — Un négociant achète et se fait conduire 343 litres de vin ; pendant le trajet 25 litres sont perdus par suite d'évaporation et de vidange ; quelle quantité lui reste-t-il à vendre ?

7. — Un mémoire s'élevait à 164 francs ; on l'a réduit de 17 francs. Quelle somme doit-on payer ?

8. — Un épicier avait 7.986 kilogrammes de sucre et il ne lui en reste plus que 4.365 kilogrammes. Quelle est la quantité qui a été vendue ?

9. — La distance de Paris à Lyon est de 507 kilomètres et celle de Paris à Dijon de 315 kilomètres ; quelle est la distance de Dijon à Lyon ?

10. — Un homme né en 1827 est mort en 1894 ; quel âge avait-il ?

11. — Un fonctionnaire qui gagne 3.465 francs a pu économiser dans l'année 548 francs ; quel a été le montant de sa dépense ?

12. — Un marchand a reçu dans la journée les sommes suivantes : 6^f,50 ; 4^f,75 ; 3^f,25 et 7^f,10 ; il a déboursé une première fois 3^f,70 et une seconde fois 8^f,75. Que lui reste-t-il de sa recette ?

13. — Je devais 6.475 francs à un entrepreneur de maçonnerie ; je lui ai donné 5.320 francs. Quelle somme lui dois-je encore ?

14. Un bœuf de labour était estimé 537 francs avant d'être mis à l'engrais pendant trois mois ; on le vend alors 875 francs. Quelle est la plus-value acquise par cet animal ?

15. — Un propriétaire achète 48.725 francs un immeuble qu'il revend ensuite 53.948 francs. Quel est son bénéfice ?

16. — Un rentier reçoit annuellement 6.475 francs et dépense 3.748 francs pendant le même temps. Quelle somme peut-il économiser ?

17. — Une propriété a été achetée 975.000 francs et revendue 1.478.500 francs. Quel est le bénéfice réalisé ?

18. — Quel nombre faut-il retrancher de 1.574 pour avoir 835 ?

PROBLÈMES SUR L'ADDITION ET LA SOUSTRACTION

1. — Un marchand achète 970 mètres de drap. Il en vend d'abord 248 mètres, puis 175 mètres, puis 186 mètres. Combien lui en reste-t-il ?

2. — Un spéculateur achète pour la somme de 43.570 francs

une maison à laquelle il fait des réparations pour une somme de 6.845 francs. Il revend ensuite la maison pour 62.480 francs; combien gagne-t-il sur son marché?

3. — Un pensionnat renfermait 79 élèves; mais 30 d'entre eux sont sortis après avoir terminé leurs études et 38 nouveaux sont entrés. Quel est actuellement le nombre d'élèves que contient ce pensionnat ?

4. — Je devais 175 francs au tailleur et je lui ai donné une première fois 47ʳ,50 et une seconde fois 58ʳ,75. Que lui dois-je encore ?

5. — Un fermier possédait un troupeau de 348 moutons; il en vend 135 et quelques jours après il en perd 7 par suite de maladie. Combien lui en reste-t-il?

6. — Une ménagère va au marché avec 15ʳ,50; elle achète de la viande pour 3ʳ,75, du beurre pour 2ʳ,40, des légumes pour 1ʳ,50 et des fruits pour 1ʳ,45. Combien cette ménagère rapporte-t-elle chez elle ?

7. — Un cultivateur vend au marché pour 540 francs de blé et pour 278 francs de haricots; il achète ensuite du vin pour 255ʳ,70 et paye une dette de 140 francs. Que lui reste-t-il sur le produit de sa vente ?

8. — Un ouvrier vient de recevoir 205 francs pour un mois de travail. Que lui restera-t-il s'il a dépensé 68 francs de nourriture, 34 francs de loyer, 48ʳ,60 pour vêtements et 15ʳ,50 pour divers frais ?

9. — Un négociant achète 648 quintaux de marchandises pour la somme de 28.480 francs ; il en revend 495 quintaux pour 28.395 fr. Quel est le prix de revient de ce qui lui reste ?

10. — Un industriel a dépensé 75.845 francs pour la matière première qu'il travaille ; les frais de manipulation se sont élevés à 38.729 francs et il trouve qu'il a réalisé 19.875 francs de bénéfice. Quel a été le total de ses ventes ?

11. — Un marchand achète un troupeau de 845 moutons ; il en perd 43 pendant le transport et il en vend 185. Combien lui en reste-t-il?

12. — Une personne qui a 500.000 francs de fortune achète un immeuble de 85.375 francs, pour lequel elle paye 18.425 francs de réparations et place le reste en rentes sur l'Etat. Quel est ce reste?

13. — Un riche propriétaire donne 50.000 francs aux pauvres, fait construire un hospice pour lequel il paye 248.375 francs et un capital de 300.000 francs pour l'entretien des vieillards qui doivent être soignés dans cet hospice. Quelle partie de sa fortune a-t-il consacrée aux bonnes œuvres ?

14. — Un négociant achète 3.475 tonnes de houille ; il en vend d'abord 398 tonnes, puis 745 tonnes et enfin 1.217 tonnes. Quelle quantité lui reste-t-il ?

15. — Un menuisier présente un mémoire de 1.576 francs, sur lequel il reçoit un acompte de 975ᶠ,50, mais en même temps il lui est fait une réduction de 49ᶠ,75. Combien aura-t-il encore à recevoir?

16. — Un maquignon achète 345 chevaux pour la somme de 337.847 francs ; il en vend d'abord 285 pour la somme de 317.415 francs et ceux qui restent pour 55.985 francs. Combien a-t-il vendu de chevaux la seconde fois et quel a été son bénéfice total ?

III. — MULTIPLICATION

83. *Une personne achète 6 mètres d'étoffe à 5 francs l'un ; combien doit-elle payer ?*

Pour 2 mètres cette personne payerait 2 fois 5ᶠ ou 5ᶠ + 5ᶠ
— 3 — — 3 fois 5ᶠ ou 5ᶠ + 5ᶠ + 5ᶠ
. . . .
Pour 6 mètres elle devra payer 6 fois 5ᶠ ou 5ᶠ + 5ᶠ + 5ᶠ + 5ᶠ + 5ᶠ + 5ᶠ

84. *Un ouvrier reçoit 24 francs chaque semaine ; combien aura-t-il reçu au bout de 5 semaines ?*

Pour 5 semaines, l'ouvrier recevra 5 fois 24 francs
ou 24ᶠ + 24ᶠ + 24ᶠ + 24ᶠ + 24ᶠ.

On voit que dans chacune de ces deux questions, on est conduit à faire une addition de plusieurs nombres égaux.

Un très grand nombre d'autres problèmes donnent lieu à une opération semblable.

Mais ces additions sont très longues à faire quand elles renferment beaucoup de nombres.

On les remplace par une nouvelle opération qui n'est qu'une addition abrégée, et qu'on appelle **Multiplication**.

85. Le nombre que l'on doit additionner ou répéter plusieurs fois se nomme *multiplicande*. On indique combien de fois il doit être répété par un autre nombre appelé *multiplicateur*. L'opération consiste alors à multiplier le multiplicande par le multiplicateur.

86. Définition. — *La* **Multiplication** *est une opération qui a pour but de répéter* un nombre appelé **Multiplicande** autant de fois qu'il y a d'unités dans un autre nombre appelé **Multiplicateur**.

Le résultat de la multiplication se nomme **Produit**.

87. Le multiplicande et le multiplicateur sont aussi appelés *facteurs du produit* ou simplement *facteurs*.

88. La multiplication s'indique par le signe $\times$ qu'on place entre le multiplicande et le multiplicateur et que l'on prononce *multiplié par*.

Ex. : $7 \times 4 = 28$ se lit : 7 multiplié par 4 égale 28.

TABLE DE MULTIPLICATION.

2 fois 1 font 2	3 fois 1 font 3	4 fois 1 font 4
2 — 2 — 4	3 — 2 — 6	4 — 2 — 8
2 — 3 — 6	3 — 3 — 9	4 — 3 — 12
2 — 4 — 8	3 — 4 — 12	4 — 4 — 16
2 — 5 — 10	3 — 5 — 15	4 — 5 — 20
2 — 6 — 12	3 — 6 — 18	4 — 6 — 24
2 — 7 — 14	3 — 7 — 21	4 — 7 — 28
2 — 8 — 16	3 — 8 — 24	4 — 8 — 32
2 — 9 — 18	3 — 9 — 27	4 — 9 — 36
5 fois 1 font 5	6 fois 1 font 6	7 fois 1 font 7
5 — 2 — 10	6 — 2 — 12	7 — 2 — 14
5 — 3 — 15	6 — 3 — 18	7 — 3 — 21
5 — 4 — 20	6 — 4 — 24	7 — 4 — 28
5 — 5 — 25	6 — 5 — 30	7 — 5 — 35
5 — 6 — 30	6 — 6 — 36	7 — 6 — 42
5 — 7 — 35	6 — 7 — 42	7 — 7 — 49
5 — 8 — 40	6 — 8 — 48	7 — 8 — 56
5 — 9 — 45	6 — 9 — 54	7 — 9 — 63
8 fois 1 font 8	9 fois 1 font 9	
8 — 2 — 16	9 — 2 — 18	
8 — 3 — 24	9 — 3 — 27	
8 — 4 — 32	9 — 4 — 36	
8 — 5 — 40	9 — 5 — 45	
8 — 6 — 48	9 — 6 — 54	
8 — 7 — 56	9 — 7 — 63	
8 — 8 — 64	9 — 8 — 72	
8 — 9 — 72	9 — 9 — 81	

89. Pour faire rapidement la multiplication, il faut savoir par cœur les produits qu'on obtient en multipliant entre eux deux nombres d'un seul chiffre. Ces produits sont renfermés dans le tableau précédent, qu'on appelle *Table de multiplication*.

90. Remarque. — On voit dans la Table de multiplication que 4 fois 7 font 28 et que 7 fois 4 font aussi 28 ; que 5 fois 6 font 30 et que 6 fois 5 font aussi 30, et ainsi de suite.

Cela prouve que le produit de deux facteurs ne change pas quand on met l'un à la place de l'autre ou, en d'autres termes, quand on renverse l'ordre des facteurs.

QUESTIONNAIRE

1. — Qu'est-ce que la multiplication?

2. — Comment la multiplication peut-elle être considérée ?

3. — Comment indique-t-on la multiplication de deux nombres ?

4. — Quel nom donne-t-on aux deux nombres que l'on multiplie entre eux ?

5. — Que faut-il connaître pour bien faire une multiplication ?

6. — Qu'est-ce que la table de multiplication?

7. — Que devient un produit lorsqu'on intervertit l'ordre des facteurs ?

Montrez-le par des exemples ?

EXERCICES ET PROBLÈMES ORAUX

1. — *Combien font 6 fois 7? 4 fois 8? 5 fois 9 ? 7 fois 4? 7 fois 9? 9 fois 4? 5 fois 7? 8 fois 9? etc.*

2. — *Quels sont les deux nombres qui donnent pour produit 24 ? 35 ? 48? 63? 21? 72, etc.*

3. — *Combien coûtent 5 mètres d'étoffe à 4 francs le mètre? 6 chapeaux à 8 francs l'un? 3 kilogrammes de café à 4 francs le kilogramme? 7 litres de vin à 2 francs le litre ? 9 livres à 3 francs pièce ?*

4. — *Dans la classe, il y a 6 tables de 7 places chacune com-bien de places en tout ?*

5. — *Un ouvrier gagne 5 francs par jour; combien dans les 6 jours de la semaine?*

6. — *4 sacs de blé contiennent chacun 6 décalitres; combien de décalitres en tout?*

7. — *Une personne charitable donne 10 centimes à chaque pauvre; combien a-t-elle donné en tout aux 8 pauvres qu'elle a secourus?*

8. — *Combien coûtent 8 douzaines de mouchoirs à 7 francs la douzaine?*

9. — *Un voyageur a marché pendant 6 heures en faisant 5 kilomètres à l'heure; quelle distance a-t-il parcourue?*

MULTIPLICATION DES NOMBRES ENTIERS

91. On peut avoir à multiplier :

1. — *Un nombre d'un seul chiffre par un nombre semblable.* Ex. : 7×4.

2. — *Un nombre de plusieurs chiffres par un nombre d'un seul chiffre.* Ex. : 376×5.

3. — *Un nombre de plusieurs chiffres par un nombre de plusieurs chiffres.* Ex. : 453×368.

92. 1ᵉʳ Cas. — *Pour multiplier entre eux deux nombres d'un seul chiffre, il suffit de connaître la table de multiplication.* Ex. : $8 \times 6 = 48$. La table de multiplication nous apprend en effet que 6 fois 8 font 48.

93. 2ᵉ Cas. Règle. — *Pour multiplier un nombre de plusieurs chiffres par un nombre d'un seul chiffre, on écrit le multiplicateur sous le multiplicande. Puis, commençant par la droite, on multiplie successivement chaque chiffre du multiplicande par le multiplicateur. Si le produit ne surpasse pas 9, on l'écrit au-dessous du trait, sous le chiffre correspondant du multiplicande. Si le produit surpasse 9, on n'écrit que ses unités et l'on retient les dizaines pour les ajouter au produit suivant. On opère ainsi jusqu'au dernier produit, que l'on écrit tel qu'on le trouve.*

Soit à multiplier 856 par 7.

```
856        Après avoir écrit le multiplicateur 7 au-dessous des unités
  7      du multiplicande et tiré un trait sous le multiplicateur, on
5.992    dit : 7 fois 6, 42 ; j'écris 2 sous les unités et je retiens 4 ;
         7 fois 5, 35 et 4 de retenue, 39 ; j'écris 9, et je retiens 3 ;
856      7 fois 8, 56 et 3 de retenue, 59 ; j'écris 59.
856        Le nombre 5.992 ainsi trouvé est bien le produit cherché,
856      puisqu'il contient 7 fois les unités, 7 fois les dizaines, 7 fois
856      les centaines, 7 fois les mille du multiplicande, c'est-à-dire
856      7 fois tout le multiplicande.
856
856

5.992
```

94. REMARQUE. — On obtiendrait le même résultat en écrivant 7 fois le nombre 856, au-dessous de lui-même, et faisant l'addition ; mais on voit que l'opération serait beaucoup plus longue.

95. 3ᵉ Cas. Règle. — *Pour multiplier l'un par l'autre deux nombres de plusieurs chiffres, on écrit le multiplicateur sous le multiplicande, et l'on tire un trait horizontal au-dessous.*

Puis, commençant par la droite, on multiplie successivement le multiplicande par chaque chiffre du multiplicateur et l'on écrit les produits partiels les uns sous les autres, de manière que le premier chiffre de chacun d'eux soit placé sous le chiffre qui a servi de multiplicateur.

Soit à multiplier 4.567 par 848.

Après avoir placé le multiplicateur 348 sous le multiplicande et tiré un trait horizontal, je multiplie le multiplicande d'abord par 8, comme on a fait au second cas, ce qui donne 36.536, que j'écris au-dessous.

```
   4.567
     348

  36.536
 182.68
1.369.1

1.588.316
```

Je multiplie ensuite le multiplicande par 4 ; mais comme ce chiffre représente des dizaines, je ferai exprimer au produit des dizaines en écrivant un zéro à sa droite ou en écrivant son premier chiffre au rang des dizaines du premier produit, ce qui donne 182.680 unités ou 18.268 dizaines.

Je multiplie enfin le multiplicande par le dernier chiffre 3 du multiplicateur ; mais comme ce chiffre représente des centaines, je ferai exprimer au produit des centaines en écrivant deux zéros sur sa droite ou en écrivant son premier chiffre au rang des centaines du premier produit, ce qui donne 1.369.100 unités ou 13.691 centaines.

Je fais ensuite l'addition des 3 produits partiels et le nombre 1.588.316, que je trouve ainsi est bien le produit cherché, puisqu'il est formé de 8 fois, plus 4 dizaines de fois ou 40 fois, plus 3 centaines de fois ou 300 fois, c'est-à-dire en tout 348 fois le multiplicande.

96. — Facteurs terminés par des zéros. Règle. — *Pour faire la multiplication lorsqu'il y a des zéros sur la droite des deux facteurs ou de l'un d'eux, on opère comme s'il n'y avait pas de zéros, et sur la droite du produit on ajoute autant de zéros qu'on en a négligé sur la droite des deux facteurs.*

Soit à multiplier 4.800 par 360.

```
  4.800
    360
 ─────
   288
1 44
─────────
1.728.000
```

Après avoir écrit 360 au-dessous de 4.800, je multiplie 48 par 36, ce qui donne pour produit 1.728.

A la droite de ce produit, j'écris les 3 zéros qui ont été négligés, et le véritable produit est 1.728.000.

MULTIPLICATION DES NOMBRES DÉCIMAUX

97. — Règle. — *Pour faire la multiplication des nombres décimaux, on opère comme si les nombres étaient entiers, c'est-à-dire sans avoir égard à la virgule, mais l'opération terminée, on sépare ensuite sur la droite du produit par une virgule, autant de chiffres décimaux qu'il y en a sur la droite des deux facteurs.*

OPÉRATION :

```
  47,25
   8,3
 ─────
 14 175
378 00
─────────
392,175
```

3.

Les deux nombres considérés comme entiers donnent pour produit 392.175, sur la droite duquel il y a lieu de séparer ensuite 3 chiffres décimaux par une virgule, ce qui donne pour produit réel 392,175.

98. Multiplication par 10, par 100, par 1.000, etc.

1. — *Pour multiplier un nombre entier par* 10, *par* 100, *par* 1.000, *etc., il suffit d'écrire un, deux, trois... zéros sur sa droite.*

Exemple : 37 $\times$ 100 = 3.700. Le nombre est ainsi rendu 100 fois plus grand (*v.* n° 52), et par conséquent multiplié par 100.

2. — *Pour multiplier un nombre décimal par* 10, 100, 1.000, *etc., il suffit d'avancer la virgule de un, deux, trois rangs vers la droite.*

Exemple : 4,1586 $\times$ 100 = 415,86. Le nombre est ainsi rendu 100 fois plus grand (*v.* n° 62), et par conséquent multiplié par 100.

99. Preuve. — Pour faire la preuve de la multiplication

on recommence l'opération en sens inverse, c'est-à-dire en mettant le multiplicande à la place du multiplicateur et réciproquement. Si l'on a bien opéré, on doit trouver le même produit dans les deux cas.

MULTIPLICATION.	PREUVE.
6.845	376
376	6.845
41.070	1.880
479.15	16.04
2053.5	300.8
2.573.720	2256.
	2.573.720

QUESTIONNAIRE

1. — Combien de cas peuvent se présenter dans la multiplication des nombres entiers ? Citez-les.

2. — Comment se fait la multiplication du 1ᵉʳ cas ?

3. — Comment multiplie-t-on un nombre de plusieurs chiffres par un nombre d'un seul chiffre ?

4. — Donnez la règle de la multiplication de deux nombres de plusieurs chiffres.

5. — Comment fait-on la multiplication lorsqu'il y a des zéros sur la droite des deux facteurs ou de l'un d'eux seulement ?

6. — Comment se fait la multiplication des nombres décimaux ?

7. — Comment multiplie-t-on par dix, cent, mille, etc. : 1° un nombre entier ? 2° un nombre décimal ?

8. — Comment se fait la preuve de la multiplication ?

EXERCICES

9. — Effectuer de tête les multiplications suivantes :

1. $\begin{cases} 50 \times 3 ; 70 \times 2 ; 60 \times 5 ; 90 \times 3 ; 40 \times 8 ; 30 \times 9 \\ 40 \times 50 ; 60 \times 20 ; 70 \times 50 ; 30 \times 20 ; 80 \times 40 ; 90 \times 50 \end{cases}$

2. $\begin{cases} 68 \times 4 ; 35 \times 7 ; 65 \times 6 ; 43 \times 8 ; 75 \times 3 ; 39 \times 4 \\ 27 \times 8 : 38 \times 9 ; 42 \times 7 ; 73 \times 5 ; 15 \times 9 ; 62 \times 6 \end{cases}$

3. $34 \times 60 ; 17 \times 20 ; 28 \times 30 ; 65 \times 40 ; 57 \times 50 ; 84 \times 10$

4. $42 \times 9 ; 53 \times 19 ; 64 \times 29 ; 48 \times 39 ; 64 \times 49 ; 72 \times 59$

5. $58 \times 11 ; 42 \times 21 ; 71 \times 31 ; 58 \times 41 ; 23 \times 51 ; 17 \times 61$

10 — Multiplier de tête chacun des nombres simples par 11, par 12, par 13, par 14, par 15.

11. — Calcul écrit. — Effectuer les multiplications suivantes :

$946 \times 7 ; 3.584 \times 8 ; 7.208 \times 9 ; 4.905 \times 6 ; 5.097 \times 5 ;$
$28.459 \times 4 ; 37.089 \times 6 ; 410.596 \times 7 ; 830.094 \times 9 ;$
$75.650 \times 28 ; 60.981 \times 35 ; 49.057 \times 29 ; 64.590 \times 68 ;$
$7.400 \times 176 ; 8.304 \times 406 ; 7.289 \times 465 ; 6.085 \times 638 ;$
$42.091 \times 750 ; 111.111 \times 645 ; 11.111 \times 111 ; 6.820 \times 870$
$50.409 \times 395 ; 73.428 \times 6.805 ; 174.805 \times 7.285 ;$
$78.500 \times 3.050 ; 85.000 \times 3.500 ; 160.800 \times 3.000 ; 95.000 \times 7.640$

$27,56 \times 4,75 ; 840,7 \times 29,3 ; 258,45 \times 30,58 ; 7,30 \times 6,7 ;$
$325,785 \times 9,48 ; 18,045 \times 6,75 ; 0,8497 \times 0,68 ; 0,925 \times 0,75 ;$
$0,47089 \times 0,0079 ; 8,0411 \times 1,007 ; 0,0905 \times 0,0085.$

PROBLÈMES ORAUX

1. — *Je dois une certaine somme que je me propose de payer en 5 versements de chacun 15 francs. Quelle est la somme due ?*

2. — *Un employé économise chaque mois 20 francs; quelles seront ses économies au bout de l'année ?*

3. — *L'hectolitre de blé pèse en moyenne 75 kilogrammes; quel serait le poids de 5 hectolitres ? de 10 hectolitres ? de 30 hectolitres ?*

4. — *Une cour carrée a 25 mètres de côté; quelle est la longueur de son périmètre ?*

5. — *Une maison comprend 12 logements de 400 francs chacun. Quel est le revenu que procure cette maison ?*

6. — *Une vache donne en moyenne 15 litres de lait par jour; quelle est la valeur mensuelle de ce lait, sachant que le litre est vendu 20 centimes ?*

7. — *Un boulanger achète 16 sacs de farine au prix de 50 fr. l'un. Quelle somme redoit-il après qu'il a donné 750 francs d'acompte ?*

8. — *Un bijoutier a vendu 15 bagues au prix de 28 francs l'une. Quelle somme doit-il recevoir ?*

9. — *Un libraire vend 25 douzaines de volumes à raison de 30 francs l'une. Que lui est-il dû ?*

10. — *Un briquetier vend 20.000 tuiles au prix de 125 francs le mille et reçoit 1.500 francs d'acompte. Combien lui doit-on encore ?*

11. — *Un fumeur dépense inutilement pour 15 centimes de tabac par jour. Combien cela fait-il par mois? par an?*

12. — *Un négociant vend 15 barriques de vin contenant 220 litres chacune au prix de 30 francs l'hectolitre. Quelle somme doit-il recevoir ?*

13. — *Je paye 25 francs pour 12 mètres d'étoffe ; quelle somme devrais-je payer pour 36 mètres de la même étoffe ?*

14. — *Je devais 165 francs, mais j'ai donné 10 acomptes de 15 francs chacun; combien redois-je encore ?*

15. — *Une personne achète 6 chaises au prix de 7 francs l'une; elle donne un billet de 50 francs en payement ; que doit-on lui rendre ?*

16. — *Un ouvrier gagne 2ᶠ,50 par jour. Quel est son gain pour six semaines de travail ?*

17. — *Un père de famille gagne 7 francs et dépense 5ᶠ,50 chaque jour ; quelles sont ses économies au bout de 30 jours ?*

18. — *Une jeune fille a économisé 9 francs en trois semaines ; combien pourrait-elle mettre de côté en 15 semaines ?*

19. — *Un épicier vend 10 kilogrammes de sucre au prix de 95 centimes l'un. Quelle est la somme qui lui est due ?*

20. — Un verger a produit 800 poires que l'on a vendues au prix de 15 francs le 100. Quelle somme recevra le propriétaire ?

21. — Un courrier parcourt 8 kilomètres en 1 heure et demie ; quelle distance peut-il franchir en 6 heures ?

22. — Un sou vaut 5 centimes ; combien y a-t-il de centimes dans 3 sous, dans 5 sous, 8 sous, 7 sous, 11 sous, 6 sous, 15 sous 14 sous, 20 sous ? etc.

PROBLÈMES ÉCRITS

1. — Combien coûtent 15 mètres de drap à 17 francs le mètre ?

2. — Un tonneau contient 228 litres ; combien y a-t-il de litres dans 12 tonneaux semblables ?

3. — Quelle somme déboursera-t-on pour 145 kilogrammes de pain à 0ʳ,35 le kilogramme ?

4. — Une fontaine donne 2.568 litres par heure ; combien en donne-t-elle par jour de 24 heures ?

5. — Un boucher achète 14 moutons à raison de 30 francs l'un ; il donne un billet de 500 francs en payement. Quelle somme doit-on lui rendre ?

6. — On donne chaque jour 0ʳ,25 à 100 pauvres, pendant 10 jours consécutifs ; combien a-t-on donné en tout ?

7. — Quelle est la somme qui divisée en 100 parts a donné pour une part 17ʳ,85 ?

8. — Une fontaine fournit 25 litres d'eau par minute ; combien en donne-t-elle en un jour de 24 heures ?

9. — Un maquignon achète, au prix de 875 francs l'un, 18 chevaux de trait. Quelle somme doit-il ?

10. — Une personne dépense en moyenne 8 francs par jour ; quel est le montant de ses dépenses annuelles ?

11. — Un commerçant met en moyenne 15.375 francs de côté par an ; quelles seront ses économies au bout de 15 ans ?

12. — Combien y a-t-il de lettres dans un volume de 150 pages, chaque page renfermant 30 lignes de 45 lettres chacune ?

13. — Un collège renferme 300 élèves qui payent 825 francs annuellement chacun. Quel est le total de ce qu'ils versent chaque année ?

14. — Un financier vend 500 actions au prix de 864 francs l'une. Quelle somme doit-il en retirer ?

15. — Un éditeur tire 12.475 exemplaires d'un ouvrage qui vaut 345 francs. Quelle somme en retirera-t-il ?

16. — Un industriel vend 1.397 quintaux de minerai au prix de 395 francs le quintal. Quelle somme recevra-t-il ?

17. Un cultivateur récolte 749 hectolitres de graine de navette qu'il vend au prix de 175 francs l'hectolitre. Que doit-il recevoir ?

18. — Un industriel emploie 75 ouvriers à 4^f,50 par jour. Quelle somme lui faut-il pour payer les 6 journées de travail de la semaine ?

19. — Une famille dépense en moyenne 0^f,75 de chauffage et 0^f,25 d'éclairage par jour ; quelle est sa dépense de chauffage et d'éclairage pour une durée de 125 jours ?

20. — Un marchand de vin achète 35 barriques de 225 litres chacune, à raison de 0^f,85 le litre. Combien payera-t-il ?

21. — On a acheté 48 douzaines d'œufs à 9 francs le cent ; combien a-t-on payé ?

22. — Une locomotive parcourt 765 mètres par minute ; quel chemin fera-t-elle en 6 heures ?

23. — Un cultivateur conduit au marché 18 sacs contenant chacun 6 doubles-décalitres de blé, qu'il vend à raison de 3^f,45 le double-décalitre. Quelle somme recevra-t-il ?

PROBLÈMES

sur les trois premières opérations

1. — On a acheté 25 tonneaux renfermant chacun 228 litres de vin ; quelle somme retirera-t-on si l'on vend le litre de vin 0^f,65 ?

2. — Un ouvrier gagne 4^f,25 par jour et son fils 2^f,75 ; quelle somme leur doit-on au bout de la quinzaine ?

3. — Un homme, qui gagne 2.600 francs par an, dépense en moyenne 3^f,70 par jour pour sa nourriture, 45 francs par mois pour son logement et 530 francs pour son entretien et ses menus frais. Que lui reste t-il au bout de l'année ?

4. — Un bassin reçoit 45 litres d'eau par seconde ; combien en 10 heures 8 minutes ?

5. — Un cultivateur a vendu 175 feuillettes de cidre au prix de 12 francs la feuillette ; il a employé l'argent provenant de cette vente à l'achat d'une vache, d'un cheval et d'une voiture ; le cheval a coûté 1.100 francs et la voiture 500 francs. Quel est le prix de la vache ?

6. — Un négociant achète 640 hectolitres de vin au prix de 43 francs l'un ; il en vend la moitié à raison de 46 francs l'hecto-

litre et le reste moyennant 48 francs l'hectolitre. Quel est son gain total ?

7. — Un cultivateur, qui a acheté un cheval pour 790 francs, l'a tenu au repos complet pendant 125 jours et l'a revendu ensuite 1.175 francs. Quel est son gain, si le cheval lui coûtait 2 francs par jour de nourriture ?

8. — Le sac de farine coûte 52 francs et le boulanger en tire 104 pains de 2 kilogrammes. Quel est son bénéfice sur chaque sac, s'il vend son pain à raison de 0^f,35 le kilogramme ?

9. — Un charcutier achète, au prix de 1^f,30 le kilogramme, un porc qui pèse 140 kilogrammes. Quel est son bénéfice s'il revend en moyenne le kilogramme 2^f,10 ?

10. — Un meunier achète du blé pour lequel il paye 24.385 fr.; il le convertit en farine qu'il vend 28.650 francs ; les frais de manipulation et autres se sont élevés à 1.475 francs ; mais le son a été vendu 489 francs. Quel est le bénéfice net du meunier?

11. — Un employé qui gagne annuellement 3.500 francs dépense 1.500 francs pour sa nourriture, 550 francs pour son logement et 475 francs pour son entretien annuel. Quelles peuvent être ses économies au bout de 10 ans ?

12. — Un hectolitre de blé pesant en moyenne 76 kilogrammes, on demande quelle serait la valeur du blé contenu dans une chambre de 450 hectolitres de capacité, à raison de 19^f,50 l'hectolitre ?

13. — La coupe d'un bois a produit 3.748 fagots vendus 75 francs le cent et 945 stères de bois de corde valant 18 francs l'un. Quel est le produit de cette coupe ?

14. — Un industriel occupe 237 ouvriers à chacun desquels il donne 5^f,25 par jour. Que leur doit-il en tout pour 24 journées de travail ?

15. — Un négociant achète 254 pièces de vin au prix de 96 francs l'une ; les frais de transport et d'entrée s'élèvent à 35^f,75 par pièce. Quelle somme le négociant a-t-il déboursée pour ce vin ?

16. — On a acheté 8 douzaines de crayons pour 3^f,20 ; on les revend 0^f,10 pièce ; combien gagne-t-on ?

17. — Un marchand a acheté 75 hectolitres de vin au prix de 36^f,60 l'hectolitre. Il donne en acompte 1.285 francs ; combien redoit-il ?

18. — Un employé, qui gagne annuellement 4.500 francs, dépense 1.880 francs pour sa nourriture, 465 francs pour son logement, 638 francs pour son entretien et 437 francs en frais divers ; quelles peuvent être ses économies ?

19. — Une propriété de 3.649 ares se compose de bois, de prairies et de terres labourables : les bois occupent une superficie de 729 ares, les terres labourables ont pour surface 2.476 ares. Quelle est l'étendue des prairies ?

20. — Un ouvrier qui gagne 5^f,50 par jour, travaille 24 jours par mois. Que lui reste-il à la fin de l'année, s'il dépense en tout 345 francs par trimestre ?

21. — Un voyageur avait 185 kilomètres à parcourir : le 1er jour il fait 38 kilomètres ; le second jour, il en fait 8 de plus ; le 3e jour, il en fait encore 7 de plus que le second jour. Quelle distance lui reste-t-il alors à parcourir ?

22. — L'actif d'un négociant s'élève à 248.279 francs, tandis que son passif est de 749.574 francs. Quelle est la perte que doivent subir ses créanciers ?

23. — Une personne porte au marché 45 douzaines de poires qu'elle vend à raison de 3 francs la douzaine, 17 paniers de pommes vendus au prix de 14 francs l'un et 64 kilogrammes d'abricots qu'elle cède moyennant 0^f,75 le kilogramme. Quelle somme cette personne doit-elle recevoir ?

24. — Un marchand achète 18 pièces de vin, à raison de 95^f,60 la pièce ; après le payement, il lui reste 2.658 francs en caisse ; combien avait-il auparavant ?

25. — Sur une facture de 695 francs, un marchand accorde un rabais de 3 pour cent ; combien recevra-t-il ?

IV. — DIVISION

100. *On a payé 72 francs pour une étoffe qui vaut 9 francs le mètre ; combien en a-t-on acheté de mètres ?*

Le mètre d'étoffe coûtant 9 francs, 2 mètres coûteraient 2 fois 9 francs ; 3 mètres, 3 fois 9 francs et ainsi de suite. On aura donc le nombre de mètres en cherchant combien il y a de fois 9 francs dans 72 francs, ou *par quel nombre il faut multiplier* 9 *pour avoir* 72. Or, 8 fois 9 font 72. Le nombre cherché est donc 8.

101. *Une somme de 63 francs a été partagée entre 7 personnes ; quelle sera la part de chacune ?*

Si la somme à partager était de 7 francs, chaque personne recevrait 1 franc ; mais comme il y a 63 francs, chaque personne aura autant de francs que 7 sont contenus de fois dans 63, ce qui revient, comme précédemment, à chercher par quel nombre il faut multiplier 7 pour avoir 63. Or, 9 fois 7 font 63. Le nombre cherché est donc 9.

Toutes les questions où l'on a ainsi : soit à chercher combien de fois un nombre est contenu dans un autre, soit à partager un nombre donné en un certain nombre de parties égales, ou, en général, à chercher par quel nombre il faut multiplier un nombre donné, pour avoir un autre nombre donné, se résolvent par une opération qu'on appelle division.

102. Définition. — *La* **division** *est une opération qui a pour but de chercher combien de fois un nombre appelé* **dividende** *en contient un autre appelé* **diviseur.** *Le résultat se nomme* **quotient.**

103. Signes de la division. — Pour indiquer la division d'un nombre par un autre, on les écrit à la suite l'un de l'autre en les séparant par deux points (:).

Ainsi, la division de 42 par 7 s'indique par 42 : 7, que l'on énonce 42 divisé par 7.

Cette même division peut encore s'écrire $\dfrac{42}{7}$, en plaçant le diviseur sous le dividende et les séparant par un trait horizontal.

104. Du reste de la division. — Il arrive souvent que le dividende ne contient pas un nombre exact de fois le diviseur. Dans ce cas, la division donne un *reste.*

Ainsi, en divisant 59 par 8, on a 7 pour quotient et 3 pour reste. En effet, 7 fois 8 font 56, qui, ôté de 59, donne pour reste 3. Dans ce cas, le dividende est égal au produit du diviseur par le quotient, augmenté du reste de la division.

105. Remarque. — Il est facile de voir que le reste doit toujours être plus petit que le diviseur, car, dans le cas contraire, le dividende contiendrait le diviseur au moins une fois de plus et le quotient serait trop petit d'une unité.

QUESTIONNAIRE

1. — Énoncez deux problèmes donnant lieu à une division ?

2. — Quels genres de questions peuvent se résoudre par une division ?

3. — Donnez la définition de la division.

4. — Quand la division donne-t-elle un reste ?

5. — Que vaut le dividende : 1° lorsque la division se fait sans reste ? 2° lorsqu'il y a un reste ?

6. — Quelle est la limite que ne peut dépasser le reste ?

DIVISION DES NOMBRES ENTIERS

106. On peut avoir à diviser :

1° *Un nombre d'un ou deux chiffres par un diviseur d'un seul chiffre, le quotient devant être moindre que 10.* Ex. : 65 : 8.

2° *Un nombre quelconque par un diviseur d'un seul chiffre.* Ex.: 745 : 7 ;

3° *Un nombre quelconque par un diviseur de plusieurs chiffres.* Ex. : 13.458 : 85.

107. 1ᵉʳ Cas. — *Pour faire une division du 1ᵉʳ cas, il suffit de connaître les produits de la table de multiplication.*

Ainsi, le quotient de 24 par 8 est 3, car on sait que 3 fois 8 font 24.

Le quotient de 54 par 9 est 6, car 6 fois 9 font 54.

La division de 57 par 9 donne également 6 pour quotient. En effet, 6 fois 9 font 54, qui est inférieur à 57 ; mais 7 fois 9 font 63, qui est plus fort que 57. Le véritable quotient est donc compris entre 6 et 7 ; c'est pourquoi on dit que ce quotient est 6 à une unité près, ce qui veut dire qu'il ne s'en faut pas une unité que 6 ne soit le quotient exact.

108. 2ᵉ Cas. — *Pour diviser un nombre de plusieurs chiffres par un diviseur d'un seul chiffre, on écrit le diviseur à la droite du dividende, en les séparant par un trait vertical et l'on souligne le diviseur pour placer le quotient au-dessous.*

Cela fait, on sépare sur la gauche du dividende par un point autant de chiffres qu'il en faut pour contenir le diviseur ; on divise la partie à gauche par le diviseur, ce qui donne le premier chiffre du quotient ou un chiffre trop fort ; pour le vérifier on multiplie le diviseur par ce quo-

*tient et l'on retranche le produit du dividende partiel, sur
lequel on a opéré. Si la soustraction peut se faire, le chiffre
essayé est bon ; dans le cas contraire, il est trop fort ; on
le diminue d'une unité et on l'essaye de nouveau.*

*A la droite du reste on abaisse le chiffre suivant du divi-
dende total, ce qui donne un second dividende partiel sur
lequel on opère comme précédemment.*

*On continue ainsi jusqu'à ce qu'on ait abaissé tous les
chiffres du dividende.*

109. — Soit à diviser 2.658 par 8.

Après avoir écrit le diviseur à droite du dividende, je remarque
que pour contenir 8, il faut prendre les mille et les
centaines, c'est-à-dire les deux premiers chiffres à
gauche du dividende, ce qui donne 26 pour premier
dividende partiel ; je dis ensuite : en 26 combien de
fois 8 ; il y est contenu 3 fois ; en effet, 3 fois 8, 24,
ôté de 26, il reste 2. J'abaisse à droite le chiffre suivant 5 du dividende et je dis : en 25 combien de fois 8 ; il y est contenu 3 fois ;
en effet 3 fois 8, 24, ôté de 25, il reste 1. J'abaisse le dernier chiffre
8 du dividende et je dis : en 18, combien de fois 8, il y est contenu
2 fois ; en effet, 2 fois 8, 16, ôté de 18, il reste 2.

Le nombre 332, ainsi trouvé, est bien le quotient cherché puisqu'il indique combien de fois le diviseur 8 est contenu dans les
mille, dans les centaines, dans les dizaines et dans les unités du
dividende, c'est-à-dire dans tout le dividende.

D'ailleurs le diviseur multiplié par ce résultat donne pour produit le dividende, diminué du reste, ce qui est conforme à la définition.

110. Remarque. — Il peut arriver que dans la crainte d'un
chiffre trop fort on mette au quotient un chiffre trop faible.

On reconnaît que le chiffre au quotient est trop faible
lorsque le reste est plus grand que le diviseur.

111. 3ᵉ Cas. — Même règle à suivre qu'au second cas.

Soit à diviser 72.845 par 86.

1ᵉʳ *Procédé.* — Je sépare par un point 3 chiffres sur la gauche
du dividende, c'est-à-dire autant qu'il en faut pour contenir le diviseur moins de 10 fois, et je dis : en 728, combien de fois 86 (*ou*

mentalement: en 72, *combien de fois* 8); il y est contenu 8 fois ; j'écris 8 au quotient.

Je multiplie 86 par 8 et j'obtiens 688, que j'écris au-dessous de 728; je retranche 688 de 728, et je trouve 40 pour reste.

```
728.45 | 86
688    | ───
       | 847
.40 4
 34 4

. 6 05
  6 02

   . .3
```

(*Le chiffre* 9, *qui semblait indiqué, puisque* 9 *fois* 8 *font* 72, *serait trop fort par suite de la retenue qui viendra s'ajouter à ce produit, comme il est facile de le voir en essayant* 9. *C'est pourquoi on diminue le plus souvent d'une unité, après l'avoir essayé, le chiffre ainsi trouvé.*)

A la droite de 40, j'écris le chiffre 4 du dividende; j'obtiens ainsi 404 pour second dividende partiel ; je dis de même : en 404, combien de fois 86 (*ou en* 40 *combien de fois* 8); il y est contenu 4 fois ; j'écris 4 au quotient.

Je multiplie 86 par 4 et j'obtiens 344 que j'écris au-dessous de 404; je retranche 344 de 404 et je trouve 60 pour reste.

A la suite de 60, j'abaisse le chiffre 5 du dividende et j'obtiens 605, sur lequel j'opère comme sur les autres dividendes partiels, ce qui me donne pour quotient 7, que j'écris à la droite des deux premiers chiffres.

J'ai ainsi pour quotient 847 et pour reste 3.

2° *Procédé.* — La marche qui a été suivie dans cette division est un peu longue, on peut l'abréger en faisant la soustraction en même temps qu'on fait la multiplication du diviseur par le chiffre écrit au quotient.

```
728.45 | 86
40 4   | ───
 6 05  | 847
  .3   |
```

On dira ainsi: en 728, combien de fois 86 (ou en 72, combien de fois 8) ; il y est contenu 8 fois ; 8 fois 6 font 48, ôté de 48, il reste 0 et je retiens 4 ; 8 fois 8 font 64 et 4 de retenue font 68, ôté de 72; il reste 4.

J'abaisse le chiffre 4 du dividende, et je continue en disant : en 404, combien de fois 86 (ou en 40, combien de fois 8); il y est contenu 4 fois ; 4 fois 6 font 24, ôté de 24, il reste 0 et je retiens 2; 4 fois 8 font 32 et 2 de retenue font 34, ôté de 40, il reste 6.

J'abaisse le chiffre suivant 5, et j'obtiens pour dernier dividende partiel 605, sur lequel j'opère comme précédemment, ce qui me donne pour quotient 7, que j'écris à la droite des deux premiers chiffres.

J'ai ainsi pour quotient 847 et pour reste 3.

112. REMARQUE. — Si dans le cours de la division, l'un des

2417 | 23
117 | 105
02 |

dividendes partiels ne contient pas le diviseur, on écrit 0 au quotient. On abaisse ensuite le chiffre suivant du dividende et l'on continue la division.

(Voir l'exemple ci-contre.)

113. Nombres terminés par des zéros. — Lorsque le dividende et le diviseur sont terminés par des zéros, on peut en supprimer un nombre égal de part et d'autre, sans changer le quotient.

Ex. : 7.400 : 600.

L'opération revient à diviser 74 par 6, ce qui donne 12 pour quotient. En effet, 7.400 ou 74 centaines contiennent 600 ou 6 centaines le même nombre de fois que 74 unités contiennent 6 unités.

Le reste de cette seconde division est 2, celui de la première est 200.

DIVISION DES NOMBRES DÉCIMAUX

114. On ramène à deux cas les différents exemples de la division des nombres décimaux.

115. 1ᵉʳ Cas. — Le diviseur est un nombre entier.

Règle. — *Pour diviser un nombre décimal par un nombre entier, on divise d'abord la partie entière du dividende par le diviseur, et l'on met une virgule au quotient, puis on continue l'opération jusqu'à ce qu'on ait abaissé tous les chiffres décimaux du dividende.*

EXEMPLE :

67,485 | 9
4,4 | 7,498
88 |
75 |
3 |

116. REMARQUE. — Le nombre à diviser exprimant des millièmes, on ne peut avoir pour résultat qu'un nombre de millièmes, c'est-à-dire un quotient terminé sur sa droite par 3 chiffres décimaux.

117. 2e Cas. — Le diviseur est un nombre décimal.

Règle. — *Pour diviser un nombre quelconque, entier ou décimal, par un nombre décimal, on supprime la virgule du diviseur, puis on avance celle du dividende d'autant de rangs vers la droite qu'il y avait de chiffres décimaux au diviseur.*

On retombe alors sur le 1er cas ou sur la division de deux nombres entiers.

Quand le dividende est entier ou ne contient pas assez de chiffres décimaux, on y supplée par des zéros ajoutés à sa droite.

1er EXEMPLE : Soit à diviser 45,28 par 7,42. L'opération revient à diviser 4528 par 742, c'est-à-dire un nombre entier par un nombre entier, ce qui se fera comme à l'ordinaire et donne 6 pour quotient.

$$\begin{array}{r|l} 4528 & 742 \\ 76 & \overline{6} \end{array}$$

2e EXEMPLE : Soit à diviser 74,568 par 5,6. L'opération revient à diviser 745,68 par 56, c'est-à-dire un nombre décimal par un nombre entier ; on opérera comme au 1er cas, ce qui donne pour quotient 1.331.

$$\begin{array}{r|l} 745,68 & 56 \\ 185 & \overline{1331} \\ 176 & \\ .88 & \\ 32 & \end{array}$$

3e EXEMPLE : Soit à diviser 8,4 par 0,47. L'opération revient à diviser 840 par 47, c'est-à-dire un nombre entier par un nombre entier, ce qui donne 17 pour quotient.

$$\begin{array}{r|l} 840 & 47 \\ 370 & \overline{17} \\ 41 & \end{array}$$

118. Valeur approchée du quotient. — Lorsqu'on a obtenu les entiers du quotient, on peut continuer la division ; après avoir mis une virgule au quotient, on ajoute un zéro au reste et l'on obtient un chiffre de dixièmes, un second zéro à la droite du nouveau reste donne un chiffre de centièmes, et ainsi de suite, selon le nombre de chiffres décimaux nécessaire.

119. Division d'un nombre décimal par 10, 100, 1,000, etc.

1° *Pour diviser un nombre décimal par 10, par 100, par 1.000, etc., il suffit de reculer la virgule de un, deux, trois... rangs vers la gauche.*

On rend ainsi, en effet, le nombre 10, 100, 1.000 fois plus petit.

EXEMPLE : 276,4 : 100 devient 2,764.

2° *Pour diviser un nombre entier par 10, par 100, par 1,000, etc., il suffit de séparer sur sa droite par une virgule, un chiffre décimal, deux chiffres, trois chiffres... décimaux.*

EXEMPLE : 2748 : 1.000 devient 2,748.

Si le nombre entier est terminé par des zéros, on supprime simplement un, deux, trois... zéros sur sa droite.

EXEMPLE : 435.000 : 1.000 = 435.

120. Preuve de la division. — Pour faire la preuve de la division, on multiplie le diviseur par le quotient ; on ajoute au produit le reste de la division et l'on doit retrouver le dividende.

On peut aussi diviser le dividende par le quotient et l'on doit retrouver le diviseur avec le même reste.

QUESTIONNAIRE

1. — Indiquez les différents cas qui peuvent se présenter dans la division des nombres entiers.

2. — Comment opère-t-on dans le 1er cas?

3. — Donnez la règle du second cas.

4. —   —   troisième cas.

5. — Comment reconnaît-on que le chiffre placé au quotient est trop faible ?

6. — Que fait-on lorsqu'on trouve un dividende partiel moindre que le diviseur ?

7. — Comment fait-on la division lorsque le dividende et le diviseur sont terminés par des zéros ?

8. — Indiquez les différents cas de la division des nombres décimaux ?

9. — Comment se fait la division dans le premier cas ?

10. —   —   dans le second cas ?

11. — Comment peut-on approcher du quotient par le moyen des décimales ?

12. — Comment divise-t-on un nombre entier par 10, 100, 1.000, etc. ?

13. — Comment divise-t-on un nombre décimal par 10, 100, 1.000, etc. ?

14. — Comment fait-on la preuve de la division ?

EXERCICES

1. — Répondre aux questions suivantes :

En 12 combien de fois 4 ?				En 27 combien de fois 3 ?		
16	—	—	4	31	—	—	9
15	—	—	3	41	—	—	8
21	—	—	7	34	—	—	7
8	—	—	2	42	—	—	6
27	—	—	9	23	—	—	5
45	—	—	5	71	—	—	9
24	—	—	8	81	—	—	9
36	—	—	6	73	—	—	8
36	—	—	9	65	—	—	7
63	—	—	7	39	—	—	6
72	—	—	8	46	—	—	9

EXERCICES ÉCRITS

2.

653	: 5 =	325	: 4 =	428	: 6 =
304	: 5 =	720	: 8 =	140	: 6 =
634	: 8 =	524	: 5 =	613	: 6 =
4.251	: 2 =	3.259	: 7 =	4.089	: 4 =
6.570	: 8 =	3.205	: 5 =	6.743	: 3 =
9.241	: 7 =	8.405	: 9 =	14.037	: 8 =
205.492	: 7 =	658.092	: 6 =	174.095	: 9 =
345	: 10 =	724	: 11 =	840	: 12 =
709	: 13 =	834	: 92 =	645	: 72 =
458	: 53 =	319	: 43 =	812	: 91 =
974	: 34 =	358	: 39 =	540	: 65 =
2.741	: 658 =	4.059	: 534 =	7.458	: 840 =
3.079	: 428 =	14.539	: 9.542 =	72.415	: 8.325 =
54.348	: 8.326 =	6.483	: 724 =	5.237	: 624 =
7.205	: 815 =	7.045	: 834 =	7.253	: 452 =
6.051	: 583 =	4.708	: 345 =	4.585	: 279 =
14.706	: 74 =	82.403	: 85 =	67.485	: 69 =

24.083 :	36 =	43.512 :	57 =	82.570 :	85 =
348.936 :	59 =	608.435 :	71 =	762.148 :	64 =
924.056 :	374 =	470.658 :	485 =	670.809 :	735 =
754.238 :	475 =	189.534 :	581 =	508.730 :	658 =
345.098 :	7.435 =	684.569 :	8.409 =	715.684 :	6.507 =
34.700 :	4.700 =	871.000 :	54.700 =	786.000 :	8.900 =

84,56 :	35 =	473,5 :	63 =	809,653 :	45 =
75,58 :	5,27 =	84,673 :	24,35 =	74,5 :	8,36 =
6,45 :	0,74 =	115,5 :	74,28 =	705 :	6,085 =

3. — Trouver, à 0,1 près, le quotient de 58 par 7, de 345 par 28.

4. — Trouver, à 0,01 près, le quotient de 246 par 15, de 437 par 25.

5. — Trouver, à 0,001 près, le quotient de 5.489 par 257, de 3567 par 458.

PROBLÈMES ORAUX

1. — Une personne charitable partage 350 francs entre dix familles pauvres ; quelle est la part de chaque famille ?

2. — On a payé 81 francs pour une pièce d'étoffe de 8 mètres de long ; quel est le prix du mètre ?

3. — Un sou vaut 5 centimes ; combien y a-t-il de sous dans 15 centimes ? dans 60 centimes ? 35 centimes ? 55 centimes ? etc.

4. — Combien aurait-on de couteaux, à 8 centimes pièce, avec 80 centimes ?

5. — Combien peut-on secourir de familles pauvres avec 420 fr., en donnant 10 francs à chacune d'elles ?

6. — Un ouvrier a reçu 56 francs pour 8 journées de travail ; quel est le prix d'une journée ?

7. — A 4 francs le litre d'eau-de-vie, combien peut-on avoir de litres pour 32 francs ?

8. — Un puisatier a reçu 350 francs pour le creusement d'un puits, à raison de 11 francs le mètre. Quelle est la profondeur du puits ?

9. — Un cultivateur a vendu 15 hectolitres de blé pour 300 fr. ; quel est le prix de l'hectolitre ?

10. — Un ouvrier a reçu 33 francs pour 11 jours de travail. Quel est son gain journalier ?

11. — Un charron achète 12 ormeaux pour la somme de 360 fr. ; quel est le prix moyen d'un ormeau ?

12. — Un cultivateur vend 30 hectolitres d'avoine et reçoit 330 francs ; quelle est la valeur de l'hectolitre ?

4

13. — *Un ouvrier a creusé 31 mètres de fossé pour la somme de 93 francs ; combien reçoit-il par mètre ?*

14. — *Une locomotive parcourt 36 kilomètres par heure ; en combien d'heures parcourra-t-elle 360 kilomètres ?*

15. — *Un terrain de 25 ares a été payé 500 francs ; à combien revient l'are ?*

16. — *Une ménagère a payé 90 francs pour 30 mètres de toile ; quel est le prix du mètre ?*

17. — *Un voyageur a parcouru 64 kilomètres en 16 heures ; quelle était sa vitesse à l'heure ?*

18. — *Une douzaine de mouchoirs coûte 3^f,60 ; combien le cent de mouchoirs ?*

19. — *En 70 jours, un voyageur a dépensé 420 francs ; quelle était sa dépense moyenne de chaque jour ?*

20. — *Un vigneron, qui a vendu son vin au prix moyen de 90 francs la pièce, a reçu en totalité 720 francs ; combien a-t-il livré de pièces ?*

21. — *Un éditeur vend 80 exemplaires d'un ouvrage, moyennant la somme de 560 francs. Quel est le prix d'un exemplaire ?*

22. — *Une famille consomme 96 litres de cidre en 24 jours ; quelle est sa consommation journalière ?*

PROBLÈMES ÉCRITS

1. — On partage entre 15 personnes une somme de 8.340 francs ; quelle est la part de chaque personne ?

2. — On a acheté 58 mètres de drap pour 986 francs ; combien coûte le mètre ?

3. — Pour 168^f,15 on a acheté 35^m,40 d'étoffe ; à combien revient le mètre ?

4. — Une rame de papier a coûté 8^f,40 ; à combien revient la feuille si la rame contient 20 mains de 25 feuilles chacune ?

5. — Un ouvrier a gagné 1.385 francs dans une année où il a travaillé 325 jours ; quel est le prix de la journée de travail ?

6. — Un marchand achète, au prix de 12 francs le mètre, une pièce de drap qui lui coûte 4.572 francs ; combien y avait-il de mètres dans la pièce ?

7. — Une pièce d'étoffe avait 72 mètres ; on en a vendu le tiers, puis le quart ; combien reste-t-il encore de mètres ?

8. — Une personne achète une pièce de vin de 228 litres, pour la somme totale de 105^f,75 ; elle y ajoute 25 litres d'eau ; à combien lui revient le litre du mélange ?

9. — Combien peut dépenser par jour un homme qui a un revenu annuel de 2.780 francs ?

10. — Une pièce de toile de 54 mètres est employée à faire des chemises ; combien en fournira-t-elle, s'il faut 2ᵐ,5 par chemise ?

11. — Une personne charitable veut employer une somme de 345 francs pour distribuer du pain aux pauvres ; combien le boulanger lui en donnera-t-il de kilogrammes, au prix de 32 centimes le kilogramme ?

12. — Un cultivateur a récolté 256 hectolitres de blé, à raison de 16 hectolitres par hectare. Combien avait-il ensemencé d'hectares ?

13. — Un marchand de bois a livré à une administration 218 stères de bois, pour la somme totale de 2.725 francs. A combien revient le stère ?

14. — Un négociant a vendu 138 hectolitres de vin pour la somme de 5.037 francs ; à combien revient l'hectolitre ?

15. — Par quel nombre faut-il multiplier 374 pour avoir 17.952 ?

16. — Un marchand paye 63.600 francs pour du bois qu'il achète au prix de 16 francs le stère. Combien doit-on lui en livrer ?

17. — Un vigneron a récolté 75 hectolitres de vin ; combien lui faudra-t-il de tonneaux de 228 litres pour loger son vin ?

18. — Des ouvriers gagnent chacun 4ᶠ,80 par jour ; la totalité de leurs salaires, pour 26 jours de travail dans le mois, s'élève à 1.872 francs. Combien sont-ils ?

19. — Un ballot contenant 36 douzaines de paires de bas a une valeur de 972 francs. Que vaut une paire de bas ?

20. — Un employé, qui gagne 2.300 fr. par an, subit la retenue du vingtième pour son fonds de retraite. Que reçoit-il chaque mois ?

21. — Dans une division, le diviseur est 375, le quotient 4.250 et le reste 25. Trouver le dividende.

PROBLÈMES SUR LES QUATRE OPÉRATIONS

1. — Un locataire paie à chaque trimestre, pour son loyer, 475 francs ; quel est le loyer d'un jour ?

2. — Quinze pièces de drap de chacune 35 mètres ont coûté 5.932ᶠ,50 ; quel est le prix du mètre ?

3. — Un ouvrier qui gagne 4ᶠ,75 par jour, a reçu en totalité 1.311 francs ; combien travaillait-il de jours par mois en moyenne ?

4. — Une personne qui a un revenu annuel de 2.800 francs, veut économiser dans l'année 475 francs ; combien peut-elle dépenser par jour ?

5. — On paye 23ᶠ,15 ce que l'on revend 25 francs; combien gagne-t-on sur 100 francs d'achat ?

6. — Un négociant mélange 90 litres de vin valant 50 francs l'hectolitre avec 138 litres d'une meilleure qualité valant 0ᶠ,80 l'un. S'il vend ce mélange 75 francs l'hectolitre, combien gagnera-t-il sur le tout ?

7. — 23ᵏᵍ,45 ont coûté 65ᶠ,50; combien coûte 1 kilogramme ? Combien paierait-on pour 44ᵏᵍ,20 ?

8. — Des ouvriers gagnent chacun 6ᶠ,50 par jour ; la totalité de leurs salaires pour 26 journées de travail dans un mois a été de 6.253 francs. Combien sont-ils ?

9. — Que coûte une marchandise qui a été vendue 1.580 francs, sachant que si elle eût été revendue 125 francs de plus, le bénéfice aurait été de 348 francs ?

10. — Un cultivateur qui doit 586 francs, offre de donner en payement du blé estimé 19ᶠ,50 l'hectolitre ; combien devra-t-il donner de décalitres de blé ?

11. — Un marchand a acheté 95 hectolitres de blé à 23ᶠ,50 et 118 hectolitres à 22ᶠ,75. Il a gagné en revendant le tout 1.578ᶠ,20. Combien a-t-il vendu l'hectolitre de mélange ?

12. — Une maison, qui a été revendue 35.900 francs, aurait procuré un bénéfice de 2.100 francs si elle eût été achetée d'abord pour 650 francs de moins qu'elle n'avait coûté. Combien avait-elle coûté ?

13. — Un marchand de vin a mélangé 3 pièces de vin : la 1ʳᵉ contient 240 litres et coûte 50 francs ; la 2ᵉ 235 litres et coûte 75 francs. A combien revient le litre de chaque espèce de vin et à combien le litre du mélange ?

14. — Un négociant achète 25 pièces de drap d'égale longueur à 12 francs le mètre ; il revend le mètre 14ᶠ,50 et gagne ainsi 1.000 francs. Quelle est la longueur de chaque pièce ?

15. — Un entrepreneur s'engage à faire exécuter pour 890 francs un travail qui doit occuper pendant 12 jours 14 ouvriers payés 5 francs par jour. Quel sera son bénéfice ?

16. — Pour 150 francs, on a 42 volumes à deux prix différents ; 24 de ces volumes coûtent 4ᶠ,50 chacun; quel est le prix de chacun des autres ?

17. — Deux commerçants échangent : l'un une pièce de velours de 17 mètres à 22ᶠ,50 le mètre, l'autre une pièce de drap de 28 mètres à 19ᶠ,75 le mètre. Lequel des deux doit à l'autre et combien ?

18. — Un négociant a acheté 12 pièces de vin à 87ᶠ,50 la pièce.

Il en a revendu 5 à raison de 101ᶠ,75 la pièce. Combien doit-il revendre chaque pièce restante pour gagner 198 francs en totalité ?

19. — Le poids brut d'un fût rempli d'huile est de 199.375 grammes ; vide, ce fût ne pèse que 16ᵏᵍ,975. Quelle en est la contenance exprimée en litres, si l'on admet que le décimètre cube d'huile pèse 912 grammes.

20. — Un négociant achète 240 pièces de vin ; il en vend la moitié avec un bénéfice de 25 francs par pièce, le tiers en réalisant un gain de 45 francs par pièce et le reste en faisant une perte de 5 francs par pièce. A-t-il perdu ou gagné et combien ?

21. — Quelle est la valeur de la récolte d'un cultivateur dont les terres ont produit 675 hectolitres de blé estimé 18 francs l'hectolitre, 34 hectolitres de seigle valant 15 francs l'un, 136 hectolitres d'orge estimée 16 francs l'hectolitre et 258 hectolitres d'avoine vendue 11 francs l'hectolitre ?

22. — On admet généralement que 20 litres de lait produisent 1 kilogramme de beurre. Quelle est la quantité mensuelle que peuvent produire 36 vaches donnant en moyenne chacune 15 litres de lait ?

23. — En admettant que le kilogramme de laine à matelas soit payé 5 francs, quelle est la valeur d'un matelas pour lequel on a acheté 18 kilogrammes de laine, sachant que la toile et la main-d'œuvre ont coûté 15 francs ?

24. — Un ouvrier gagne 4ᶠ,50 par jour ; il se repose 62 jours dans l'année. Combien peut-il dépenser par jour, s'il place tous les mois 25 francs à la caisse d'épargne ?

25. — Un marchand achète 12 mètres de drap pour 144 francs, combien doit-il revendre le mètre pour gagner 28 francs sur le tout ?

26. — Un employé reçoit 248 francs au commencement du mois et paye une dette de 45 francs ; combien lui reste-t-il par jour dans le mois, qui a 31 jours ?

27. — En 27 semaines un ouvrier a économisé 283ᶠ,50 ; combien a-t-il économisé par jour ?

28. — En revendant une propriété 7.645 francs, on a gagné le dixième du prix d'achat. Combien a-t-on gagné et quel est le prix d'achat ?

29. — Un marchand achète 290 litres d'huile pour 821 francs ; combien doit-il vendre le litre pour gagner 107 francs sur le tout ?

30. — Dans une maison un peintre a passé en couleur 8 portes

et 27 fenêtres ; que doit-il recevoir s'il demande 3ᶠ,15 par porte et 2ᶠ,45 par fenêtre ?

31. — Un propriétaire de vignes a récolté 185 hectolitres de vin, qu'il a vendus en moyenne à raison de 45ᶠ,60 l'un. Il a dépensé pour frais de culture 1.875 francs et payé 265 francs d'impôts. Quel est son revenu net ?

32. — Un employé reçoit 910 francs pour 7 mois de travail ; combien gagne-t-il par an ?

33. — Quel nombre faut-il ajouter à 18 fois 57,425 pour avoir 39 fois 44,17 ?

34. — Combien peut-on fabriquer d'épingles de 0ᵐ,03 de longueur avec un fil de laiton qui a 210 décimètres ?

35. — On donne 100 épingles pour 25 centimes ; combien coûteraient 3.845 épingles de même qualité ?

36. — Une marchande achète 960 œufs à raison de 9ᶠ,20 le cent ; elle les revend à 1ᶠ,25 la douzaine ; quel est son bénéfice ?

37. — Une revendeuse achète 1.200 œufs à 0ᶠ,75 la douzaine ; elle les revend 0ᶠ,07 pièce. Combien a-t-elle gagné s'il s'en est cassé 18 ?

38. — On a acheté 100 objets pour 495 francs ; à combien revient la douzaine ?

39. — On a payé 115 francs une pièce de vin de 228 litres ; combien doit-on revendre le litre pour gagner 35 francs sur le prix d'achat ?

40. — Un marchand achète deux pièces d'étoffe, l'une de 76ᵐ,80, l'autre de 63ᵐ,80. Le prix du mètre est le même pour chaque pièce, mais la première est payée 27ᶠ,30 de plus que la seconde. Quel est le prix de chaque pièce ?

41. — Une pièce de ruban de 40 mètres coûte 88 francs. Combien faut-il revendre le mètre pour gagner 0ᶠ,45 par mètre ?

42. — Pour 173ᶠ,50 on a acheté deux fauteuils à 45 francs l'un, une table de 40 francs et 6 chaises. Que vaut chaque chaise ?

CHAPITRE III

SYSTÈME MÉTRIQUE

120. Grandeurs ou **Quantités.** — On donne le nom de *grandeurs* ou *quantités* aux divers objets qui nous environnent et en général à tout ce que l'on peut *compter* ou *mesurer*.

EXEMPLE : *Une somme d'argent, un tas de pierres, les arbres d'un jardin, la longueur d'un mur, d'une pièce de bois, la superficie d'une table, d'un terrain, le volume ou le poids d'un objet*, etc.

121. — Par la numération ou l'étude des nombres, nous avons appris à compter les grandeurs ou quantités.

122. — Mesurer une quantité, c'est en déterminer la valeur exacte en la comparant à une autre quantité bien connue, pour voir combien de fois la première contient la seconde.

123. Unité de mesure. — La quantité que l'on prend pour en mesurer d'autres s'appelle *unité de mesure* ou simplement *mesure*.

124. — Les différentes quantités ou grandeurs que l'on a le plus souvent à mesurer sont :

1. Les *Longueurs*, comme la longueur d'une pièce d'étoffe, la longueur d'un mur, d'une route, etc.

2. Les *Surfaces*, comme l'étendue d'un plancher, d'une cour, d'un champ, etc.

3. Les *Volumes*, comme le volume d'un bloc de bois, de marbre, un amas de terre, la maçonnerie d'un mur, etc.

4. Les *Capacités*, comme la contenance d'un tonneau ou de tout autre vase, la capacité d'une chambre, d'une citerne, etc.

5. Les *Poids*, comme le poids d'un sac de blé, d'un pain de sucre, d'une certaine quantité de viande, de charbon. etc.

6. Les *Monnaies* ou la valeur des choses, comme celle d'un livre, d'un vêtement, d'une maison, d'un terrain, etc.

125. Unités principales. — Pour chacune de ces espèces de grandeurs, il faut des mesures différentes ; il y en a *huit* principales :

Le **Mètre**, pour les longueurs ;

Le **Mètre carré**, pour les surfaces ordinaires ;

L'**Are,** pour les surfaces agraires :

Le **Mètre cube,** pour les volumes ;

Le **Stère,** pour le volume des bois de chauffage ;

Le **Litre,** pour les capacités ;

Le **Gramme** pour les poids.

Le **Franc,** pour les monnaies.

126. Multiples. Sous-multiples. — Pour exprimer des quantités plus grandes ou plus petites que ces unités principales, on emploie des mesures 10, 100, 1.000, 10.000 fois plus grandes, et d'autres 10, 100, 1.000, 10.000 fois plus petites que chaque unité principale.

Les mesures plus grandes sont appelées *multiples ;* les plus petites, *sous-multiples.*

127. — Pour énoncer les multiples, on se sert des mots *Déca, Hecto, Kilo, Myria,* qui signifient dix, cent, mille, dix mille.

Pour les sous-multiples, on se sert des mots *déci, centi, milli,* qui veulent dire dixième, centième, millième.

127 *bis.* — On appelle **Mesures réelles ou effectives,** celles qui sont représentées par des objets matériels, comme, par exemple, le *mètre,* le *décimètre,* le *litre,* le *décalitre,* le *gramme,* l'*hectogramme,* etc.

128. Système métrique. — L'ensemble des mesures autorisées par la loi, et qui ont pour base le **Mètre,** forme ce qu'on appelle le *système métrique* ou le *système légal* des *poids et mesures.*

QUESTIONNAIRE

1. — Qu'appelle-t-on grandeurs ou quantités ?

2. — Qu'est-ce que mesurer une quantité ?

3. — Qu'entend-on par unité de mesure ?

4. — Quelles sont les quantités que l'on peut avoir à mesurer ?

5. — Quels noms donne-t-on aux mesures prises pour unités principales ?

(1) Le mètre carré et le mètre cube font exception. Le premier croît de 100 en 100, le second de 1.000 en 1.000, comme nous le verrons plus loin.

6. — Qu'appelle-t-on multiples ? sous-multiples ?

7. — De quels mots se sert-on pour désigner les multiples ? les sous-multiples ?

8. — Quel nom donne-t-on à l'ensemble des mesures ?

1. — MESURES DE LONGUEUR

129. — On appelle *mesures de longueur* celles qui servent à mesurer l'étendue considérée sous une seule dimension ou comme ligne, telle que la longueur, la largeur et la hauteur d'une table, la longueur, la hauteur et l'épaisseur d'un mur.

130. Mètre. — L'unité des mesures de longueur est le *mètre*, qui sert de base à tout le système métrique.

Il est égal à la dix-millionième partie du quart du méridien terrestre ou du tour de la terre.

131. Multiples. — Les multiples du mètre sont :

Le *Décamètre* (Dm), qui vaut	10 mètres ;	
L'*Hectomètre* (Hm),	—	100 —
Le *Kilomètre* (Km),	—	1.000 —
Le *Myriamètre* (Mm),	—	10.000 —

132. Sous-multiples. — Les sous-multiples du mètre sont :

Le *décimètre* (dm), qui vaut	0,1 de mètre et s'écrit	$0^m,1$
Le *centimètre* (cm),	—	0,01	—	—	$0^m,01$
Le *millimètre* (mm),	—	0,001	—	—	$0^m,001$

133. Écriture des mesures de longueur. — Le mètre étant pris pour unité, les décamètres s'écrivent au rang des dizaines, les hectomètres au rang des centaines, les kilomètres au rang des mille, les myriamètres au rang des dizaines de mille, les décimètres, les centimètres, les millimètres s'écrivent au rang des dixièmes, des centièmes et des millièmes.

Ainsi une longueur de 3^{km}, 6^{hm}, 4^{Dm}, 8^m, 5^{dm} s'écrit : $3648^m,5$; une longueur de 7^{hm}, 6^m, 5^{dm} 4^{cm} s'écrit : $706^m,54$, en remplaçant par un zéro les décamètres qui manquent dans l'énoncé.

134. — REMARQUE :

On peut aussi prendre l'une ou l'autre mesure pour unité et écrire par exemple :

6^{km},328, qu'on lira 6 kilomètres, 328 mètres ;
7^{hm},045,   —   7 hectomètres, 45 décimètres.

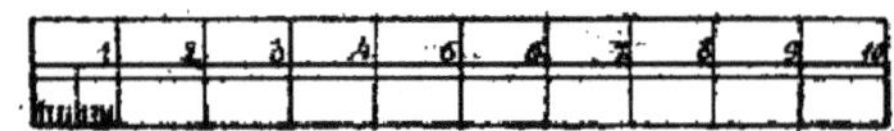

La figure ci-dessus est un décimètre divisé en 10 centimètres ; le centimètre en 10 millimètres.

135. Mesures itinéraires. — On appelle *mesures itinéraires* les mesures qui servent à évaluer la longueur des chemins, telles sont le kilomètre et le myriamètre.

Sur les routes, les kilomètres sont indiqués par des bornes numérotées de 1.000 en 1.000 mètres.

La *lieue* est une ancienne mesure itinéraire qui vaut 4 kilomètres.

QUESTIONNAIRE

1. — Qu'appelle-t-on mesures de longueur ?

2. — Quelle est l'unité des mesures de longueur ? sur quelle base repose-t-elle ?

3. — Faites connaître les multiples et les sous-multiples du mètre ?

3 *bis*. — Tracez au tableau un décimètre, un centimètre, un mètre, un demi-mètre ?

4. — Comment écrit-on un nombre exprimant des mesures de longueur ?

5. — Qu'appelle-t-on mesures itinéraires ? Citez-les.

EXERCICES :

6. — Combien l'hectomètre vaut-il de décamètres ? de décimètres ?

7. — Combien dans un kilomètre y a-t-il de décamètres ? de décimètres ?

8. — Combien un décimètre vaut-il de millimètres ? de centimètres ?

9. — Combien 3 hectomètres valent-ils de mètres ? de décamètres ? de décimètres ?

10. — Combien 5 décamètres valent-ils de mètres ? de décimètres ? de centimètres ?

11. — Combien 8 décimètres valent-ils de centimètres ? de millimètres ?

12. — Combien 5 lieues valent-elles de kilomètres ? de mètres ?

13. — Combien y a-t-il de lieues dans 60^{km}, 48^{km}, 28^{km}, etc.

14. — Combien y a-t-il de mètres dans 60 décimètres ? dans 540 centimètres ?

15. — Combien y a-t-il de mètres dans 3 décamètres, dans 5 hectomètres ? dans 8 kilomètres ? dans 2 myriamètres ?

16. — **Lire les nombres suivants :** 3^m,5 ; 4^m,08 ; 17^m,003 ; 5^{Dm},4 ; 6^{Dm},48 ; 18^{Dm},05 ; 7^{hm},4 ; 6^{hm},05 ; 8^{hm},014 ; 7^{km},5 ; 6^{km},08 ; 4^{hm},753 ; 6^{Mm},5 ; 7^{Mm},25 ; 8^{km},078 ; 5^{Mm},0035.

17. — **Lire le nombre 37084^m,56** en prenant successivement pour unité le décamètre, le kilomètre, l'hectomètre, le décimètre, le myriamètre, le centimètre.

18. — **Ecrire les nombres suivants,** en prenant le mètre pour unité : 4^{hm},5 ; 8^{Dm},07 ; 65^{hm},45 ; 3^{km},45 ; 7^{km},085 ; 6^{hm},489 ; 6^{Dm},45 ; 65 décimètres ; 420 centimètres ; 815 millimètres ; 75 centimètres ; 15 millimètres ; 140 décimètres.

PROBLÈMES ORAUX

1. — *A 75 centimes le mètre de ruban, combien coûte un décimètre ?*

2. — *A 20 francs le mètre, combien coûte le décimètre ? le centimètre ?*

3. — *Lorsqu'un mètre de drap coûte 14 francs, combien coûte le demi-mètre ? le décimètre ? combien paierait-on pour un morceau de drap de 60 centimètres de long ?*

4. — *A 15 francs le décamètre, que coûterait le mètre ? le décimètre ?*

5. — *A 0^f,05 le centimètre, combien paierait-on pour un mètre, pour 5 décimètres ?*

6. — *A 1^f,50 le mètre de travail sur une route, combien paierait-on pour 20 mètres ? pour un décamètre ? pour 3 hectomètres ? pour 1 kilomètre ?*

7. — *Un marcheur fait 80 mètres par minute ? quel chemin parcourra-t-il dans 3 heures ?*

8. — *A 0ᶠ,45 le mètre de calicot, combien valent 10 mètres ? 20 mètres ?*

9. — *Un piéton fait 14 pas par décamètre ; combien en fait-il par hectomètre ? par kilomètre ?*

10. — *Combien y a-t-il de décamètres dans 6 kilomètres 5 mètres ?*

11. — *Combien paierait-on pour 80 centimètres d'une étoffe qui coûte 6ᶠ,50 le mètre ?*

12. — *On paie 2ᶠ,50 pour creuser un décamètre de fossés, que gagnera un ouvrier qui en a 200 mètres à faire ?*

PROBLÈMES ÉCRITS

1. — Une feuille de papier a 270 millimètres de longueur, sur 17 centimètres de largeur ; de combien la longueur surpasse-t-elle la largeur ?

2. — Une pièce de toile mesure 54^m,75 de longueur, combien pourra-t-on faire de chemises avec cette toile, s'il faut 3^m,40 par chemise ?

3. — D'une règle longue de 1^m,75 on retranche 13 décimètres ; combien en reste-t-il ?

4. — Combien paiera-t-on pour 0^m,45 de drap, à raison de 15^f,60 le mètre ?

5. — Combien d'épingles de 42 millimètres de long pourra-t-on faire avec un fil de laiton de 12^m,62 ?

6. — Une ouvrière a acheté 5^{m}90 de ganse pour 2^f,90 ; quel est le prix du mètre ?

7. — Il y a 863 kilomètres de Paris à Marseille et 512 kilomètres de Paris à Lyon ; quelle est la distance de Lyon à Marseille ?

8. — On paie, en 3me classe, 15^f,45 pour parcourir la distance de Paris au Havre, qui est de 228 kilomètres ; que coûte le parcours par kilomètre ?

9. — Combien, avec les données du problème précédent, fait-on de kilomètres pour 1 franc ?

10. — Le Rhône a un parcours de 812 kilomètres, la Loire un parcours de 98 myriamètres, et la Saône de 455 kilomètres. Établissez le total et les différences respectives de ces parcours.

11. — Deux voyageurs partent en même temps du même point

et se dirigent en sens inverse. Le premier fait 6^k,25 par heure, et le second 5.200 mètres ; de combien seront-ils éloignés au bout de 4 jours, s'ils marchent tous deux 10 heures par jour ?

12. — Pour faire la *bonne mesure*, un commis de nouveautés donne 32 millimètres en plus chaque fois qu'il coupe un mètre d'étoffe. Combien perdra-t-il ainsi sur 8 pièces de cette étoffe, ayant 27 mètres chacune ?

13. — Un facteur rural parcourt en moyenne 3.400 mètres par heure. Combien aura-t-il fait de lieues de 4 kilomètres dans sa tournée qui dure 7 heures ?

14. — Si un décimètre de ruban coûte 0^f,45, combient coûteront 1^m,65 ? combien payera-t-on pour une pièce de 2 décamètres et demi ?

15. — Un marchand achète 10 mètres d'étoffe, à raison de 2 francs le mètre, et veut gagner 15 francs sur la vente totale : quel doit être le prix de vente par décimètre ?

16. — On a payé pour un voyage en seconde classe, sur une ligne de chemin de fer, 0^f,085 par kilomètre ; combien payera-t-on pour un trajet de 12 lieues, de 4 kilomètres chacune ?

17. — Quelle unité de longueur obtient-on quand on prend : 1° le millième du myriamètre ; 2° le centième du mètre ; 3° le dixième du kilomètre ; 4° le centième du décimètre ?

18. — Un marchand a acheté 520 mètres d'étoffe, à 10 francs le mètre ; il en revend la moitié à 1^f,25 le décimètre et le reste à 11^f,75 le mètre. Quel est son bénéfice ?

19. — La lieue métrique étant de 4 kilomètres ; combien 648 hectomètres font-ils de lieues ?

20. — Les dépenses de premier établissement d'un canal s'élèvent en moyenne à 129.000 francs par kilomètre. Combien coûtera un canal de 113 kilomètres 2 hectomètres 8 mètres de long ?

21. — On a mesuré quatre parties d'une route et l'on a trouvé : 1° 2 kilomètres et 284 décimètres ; 2° 5.254 décamètres ; 3° 153 hectomètres et 15 décimètres ; 4° 1 myriamètre 28 mètres. Quelle est la longueur de la route ?

MESURES POUR LE BOIS DE CHAUFFAGE

136. Stère. — L'unité des mesures pour le bois de chauffage est le stère. Le stère a la valeur d'un mètre cube, c'est à-dire d'un cube ayant un mètre de côté.

5

137. — Le stère n'a qu'un multiple, le *décastère* (ᴰˢᵗ), qui vaut dix stères et un sous-multiple, le décistère (ᵈˢᵗ), qui est la dixième partie du stère.

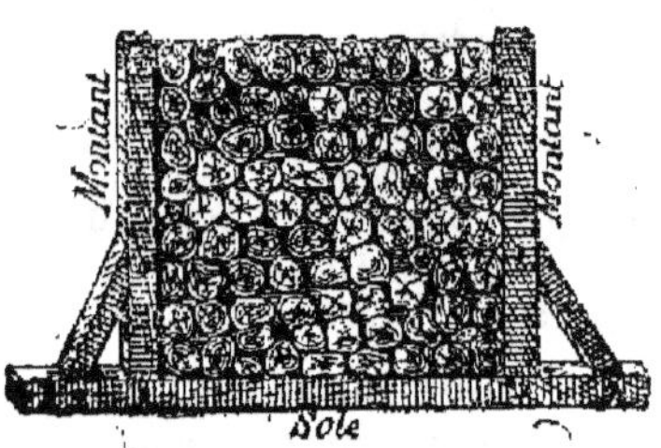

138. Ces mesures s'écrivent comme les mesures de longueur : le stère occupe le rang des unités, et le décistère celui des dixièmes.

Exemple : 3 stères 7 décistères s'écrivent 3ˢᵗ,7.

EXERCICES

1. — Quelle est l'unité de mesure pour les bois de chauffage?

2. — Qu'est-ce que le décastère?

3. — Qu'est-ce que le décistère?

4. — Combien y a-t-il de stères dans 3 décastères? dans 50 décistères?

5. — Combien 130 stères font-ils de décastères?

6. — Combien 5ᴰˢᵗ,648 font-ils de stères?

7. — Combien 459ᵈˢᵗ,8 font-ils de stères?

8. — Combien 48ˢᵗ,54 font-ils de décastères?

9. — Ecrire 403 stères 2 décistères; 8 décastères 7 stères; 9 décastères 4 décistères; 12 stères 5 décistères; 68 décastères 3 décistères.

10. — Exprimer en décastères : 35ᵈˢᵗ,7; 485ˢᵗ,5.

11. — Exprimer en stères : 38ᴰˢᵗ,7 ; 42 décistères.

12. — Exprimer en décistères : 8ˢᵗ,4 ; 3ᴰˢᵗ,6.

13. — Combien coûte le décastère, à raison de 14 francs le stère?

14. — Combien coûte le décistère quand le stère vaut 13ᶠ,50 ?

15. — Combien coûtent 3 stères quand le décastère vaut 125ᶠ?

PROBLÈMES ÉCRITS

1. — Additionner : 475ˢᵗ,5 avec 6ᴰˢᵗ,48.

2. — Retrancher : 3.285ˢᵗ de 578ᴰˢᵗ,69.

3. — En 1894, il est entré dans Paris 405.834 stères de bois dur et 295.371 stères de bois blanc ; combien de stères en tout ?

4. — Combien y a-t-il de bois dans 28 tas de 15st,65 chacun ?

5. — Un marchand de bois en avait 1.578st,35 ; il en a vendu 95Dst,6 ; combien lui en reste-t-il ?

6. — J'ai acheté 5st et demi de bois qui me coûtent en tout 71f,80 ; à combien me revient le stère ?

7. — Combien aurait-on de stères de bois pour 1.093f,30, si le stère coûte 14f,50 ?

8. — Une coupe de bois a produit 758 stères ; quelle en est la valeur à 12f,75 le stère ?

9. — Un marchand de bois devait livrer 148 décastères de bois : il en a déjà livré 72 décastères puis 245 stères ; combien en doit-il encore ?

10. — On achète en tout 570 stères de bois, dont la moitié à 10f,55 et l'autre moitié à 12f,30 ; combien gagnera-t-on si l'on revend le stère 11f,95 ?

11. — On a retiré d'une coupe de bois 588 stères de bois de chêne, 175 stères de hêtre, 190 stères de bois d'essences différentes et 874 fagots. Le chêne est estimé 12 francs le stère, le hêtre 11f,25, les autres bois 10f,80 et les fagots 20 francs le cent. A combien s'élève la valeur de la coupe ?

12. — Un bateau qui contient 345 stères a été acheté 3.275 francs, on vend le stère 11f,30, combien gagnera-t-on ?

13. — Un ménage a brûlé dans 5 mois et demi d'hiver 6st,25 de bois à 13f,60 le stère : quelle a été sa dépense mensuelle de chauffage ?

MESURES DE CAPACITÉ

139. Les **mesures de capacité** ou **de contenance** servent à mesurer les liquides, comme l'eau, le vin, le cidre, la bière, l'huile, les liqueurs, etc., et les matières sèches, telles que le blé, les haricots, les pommes de terre, les fruits, etc.

140. Litre. — L'unité des mesures de capacité est le *litre* ; il équivaut au décimètre cube, c'est-à-dire à un cube ayant un décimètre de côté.

141. Multiples. — Les multiples du litre sont :

Le *décalitre* (Dl), qui vaut   10 litres ;
L'*hectolitre* (Hl),   —   100 litres ;
Le *kilolitre* (Kl),   —   1.000 litres ;
Le *myrialitre* (Ml), —   10.000 litres.

142. Sous-multiples. — Les sous-multiples du litre sont :
Le *décilitre* (dl), qui vaut 0,1 de litre et s'écrit 0l,1 ;
Le *centilitre* (cl), —   0,01   —   0l,01 ;
Le *millilitre* (ml), —   0,001   —   0l,001.

143. Écriture des mesures de capacité. — Le litre
étant pris pour unité, les décalitres s'écrivent au rang des
dizaines, les décilitres au rang des dixièmes.

Ainsi, le nombre 3Dl 5l 7dl   s'écrit : 35l,7 ;
—   le nombre 6hl 4l 8dl 5cl s'écrit : 604l,85 ;
—   le nombre 7hl 5Dl 4cl   s'écrit : 750l,04.

144. Mesures effectives. — Outre les mesures qui vont
de 10 en 10, on emploie encore d'autres mesures qui sont
la moitié ou le double de chacune des mesures précédentes,
telles que le double-litre et le demi-litre, le double-décalitre et le demi-décalitre, etc.

145. Forme et usage des mesures. — Les mesures de
capacité ont la forme cylindrique, c'est-à-dire celle d'un
tuyau de même largeur dans toute son étendue.

Ces mesures sont en étain, en fer blanc, en bois ou en
tôle.

146. Mesures en étain. — Les mesures en étain servent
ordinairement à mesurer le vin.

La profondeur est double du diamètre ou de la largeur.

147. Mesures en fer blanc. — Les mesures en fer blanc servent à mesurer le lait et l'huile. La profondeur est égale au diamètre.

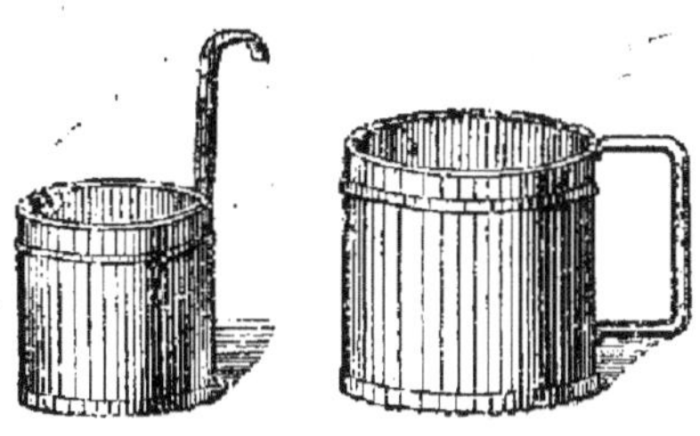

148. Mesures en bois ou en tôle. — Les mesures en bois ou en tôle servent à mesurer le blé, les graines, les légumes, le charbon, etc. La profondeur est égale au diamètre.

QUESTIONNAIRE

1. — Qu'appelle-t-on mesures de capacité ?
2. — Quelle est l'unité des mesures de capacité ?
3. — Indiquez les multiples et les sous-multiples.
4. — Comment s'écrivent les mesures de capacité ?
5. — Quelles autres mesures emploie-t-on encore ?
6. — Quelle forme a-t-on donnée aux mesures de capacité ?
7. — De quelles matières sont-elles construites et quelles en sont les dimensions ?

EXERCICES

8. — Combien le litre vaut-il de décilitres? combien de centilitres ?

9. — Combien le décalitre vaut-il de litres ? de décilitres ? de centilitres ?

10. — Combien l'hectolitre vaut-il de décalitres? de litres ? de décilitres? de centilitres ?

11. — Combien le double-décalitre vaut-il de litres ?

12. — Combien le demi-hectolitre vaut-il de décalitres? de litres ?

13. — Combien le décalitre vaut-il de doubles-litres ?

14. — Combien le double-litre vaut-il de décilitres ?

15. — Combien 7^{hl},8^{l} valent-ils de litres ?

16. — Combien 3 décalitres valent-ils de litres ? de décalitres ?

17. — Combien 8 double-décalitres valent-ils de litres ? de décalitres ?

18. — Combien 3^{Dl},45 valent-ils de litres ?

19. — Combien 1 décalitre et demi valent-ils de litres? de décilitres ?

20. — Combien de décilitres dans 6 litres? combien de centilitres?

21. — Ecrire : 3^{l},4 décilitres ; 7^{l},5 centilitres ; 8^{Dl} 15 centilitres ; 7^{hl},3 litres ; 7^{Dl},13 décilitres ; 83^{l},6 centilitres ; 84^{Dl},6 litres.

22. — Ecrire les nombres suivants en prenant le litre pour unité : 6^{hl},4 ; 3^{Dl},17 ; 35^{hl},08 ; 4^{kl},25 ; 7^{kl},045 ; 3^{Dl},08 ; 65 décilitres; 140 décalitres ; 15 décilitres ; 3 centilitres ; 60 hectolitres ; 25 décalitres ; 13^{Dl},005 ; 18^{hl},45 litres ; 15 centilitres ; 135 centilitres.

23. — Lire les nombres suivants : 4^{l},5 ; 6^{l},08 ; 27^{l},005 ; 5^{Dl},7 ; 6^{Dl},05 ; 16^{l},05 ; 4^{hl},015 ; 6^{Dl},0085 ; 17^{hl},04 ; 35^{hl},708 ; 7^{kl},58 ; 8^{Ml},875.

24. — Lire le nombre 84.158^{l},75 en prenant successivement pour unité le décalitre, le kilolitre, l'hectolitre, le décilitre, le myrialitre, le centilitre.

PROBLÈMES ORAUX

1. — *Combien payerait-on pour 3 litres de lait à 0^{l},25 le litre ?*

2. — *Une vache a donné 36 litres de lait dans la 1ʳᵉ semaine du mois, 38 litres la seconde semaine et 34 litres la 3ᵉ semaine ; combien de litres, combien de décalitres dans les 3 semaines ?*

3. — *A 3 francs le litre d'huile, combien payerait-on pour 8 litres, pour 1 décilitre, pour un demi-litre, pour un quart de litre ?*

4. — *A 4ᶠ,20 le litre d'eau-de-vie, combien coûte l'hectolitre ? Combien payerait-on pour 20 litres ?*

5. — *A 0ᶠ,70 le litre, combien le demi-litre, le décilitre, le décalitre, le double-décalitre, l'hectolitre ?*

6. — *On a payé 45 francs pour 15 doubles-décalitres de blé ; à combien revient le double-décalitre, le décalitre, le litre, l'hectolitre ?*

7. — *D'un sac de blé qui contenait 6 doubles-décalitres, on a retiré 75 litres ; combien de blé reste-t-il dans le sac ?*

8. — *Un sac de noix en contient 1 hectolitre 3 décalitres ; exprimez la quantité de noix en litres, en décalitres, en doubles-décalitres ?*

9. — *Combien de litres dans 3 tonneaux qui contiennent 2ʰˡ,28 de vin ?*

10. — *Combien de doubles-décalitres de blé aura-t-on pour une somme de 75 francs, à raison de 1ᶠ,50 le décalitre ?*

11. — *Un cultivateur achète à 24 francs l'hectolitre du blé de semence pour la somme de 72 francs ; combien en a-t-il d'hectolitres ? de litres ? de décalitres ? de doubles-décalitres ?*

12. — *Une fermière a vendu 600 litres de lait pendant le dernier mois et 54 décalitres pendant le mois précédent ; combien en a-t-elle vendu de litres dans les deux mois et combien de plus dans l'un que dans l'autre ?*

13. — *Quelle somme est due pour 5 hectolitres de vin acheté à raison de 0ᶠ,45 le litre ?*

14. — *Combien aurait-on d'hectolitres de vin à 0ᶠ,35 le litre pour une somme de 700 francs ?*

PROBLÈMES ÉCRITS

1. — Combien valent 3.548 litres d'un liquide qui coûte 2ᶠ,75 le litre ?

2. — Combien avec 456 litres de vin peut-on remplir de bouteilles de 75 centilitres ?

3. — Une futaille contient 4ʰˡ,31, on en tire 158 litres ; combien en reste-t-il ?

4. — On a 1.574 hectolitres d'orge, on en vend 5ʰˡ,5 ; combien en reste-t-il ?

5. — On demande le prix de 34 litres de graines de trèfle à 22 francs le double-décalitre ?

6. — Est-il plus avantageux d'acheter du blé à 3ᶠ,20 le double-décalitre qu'à 17 francs l'hectolitre ?

7. — Une gerbe de blé fournit 1 litre 3 décilitres de blé ; combien en fourniraient 648 gerbes de même valeur ?

8. — Combien coûteraient 3 pièces de vin de chacune 225 litres, à raison de 35^f,75 l'hectolitre ?

9. — Une fontaine donne 15^l,5 par minute ; en combien de minutes aura-t-elle rempli un bassin qui contient 18^{hl},60 ?

10. — Un marchand achète 8 barriques de vin de 225 litres chacune pour 1.080 francs. A combien revient l'hectolitre ?

11. — Combien faudra-t-il revendre le litre pour gagner 229 francs sur la totalité ?

12. — Combien payera-t-on pour 23 sacs de haricots, contenant chacun 125 litres, et qui ont été achetés à raison de 1^f,75 le décalitre ?

13. — Un négociant désire remplir de vin 75 barriques contenant chacune 220 litres. Combien lui en faut-il d'hectolitres ?

14. — Un marchand remplit de blé toute la série des mesures qui servent pour les matières sèches et les grains, c'est-à-dire l'hectolitre, le demi-hectolitre, le double-décalitre, le décalitre, le demi-décalitre, etc., jusqu'au demi-décilitre. Quelle quantité de blé a-t-il mesurée ?

15. — En admettant que l'on paye 24 francs l'hectolitre et demi de blé, que doit-on payer pour 548 décalitres de ce blé ?

16. — Une pièce de vin de 228 litres a coûté 85 francs, prise chez le producteur. On a payé en outre, 6^f,45 par hectolitre pour le transport et 7^f,50 à l'octroi. A combien revient le litre ?

16. — Un négociant vend 7 hectolitres 5 litres d'eau-de-vie à raison de 2^f,85 le litre. Quelle somme doit-il recevoir ?

17. — On verse 3 centilitres et demi dans un demi-décilitre ; combien faut-il ajouter de centilitres d'eau pour achever de le remplir ?

18. — Un aubergiste achète 58 francs une barrique de vin de 2^{hl},40. Il a payé en outre pour droits 0^f,80 par hectolitre, puis, pour le transport une somme de 3^f,25. Que gagne-t-il en vendant son vin 0^f,40 par litre ?

19. — Un marchand achète 8 barriques de vin de 220 litres, à raison de 104 francs la barrique ; il y ajoute 150 litres d'eau et revend le tout à raison de 0^f,60 le litre. Quel est son bénéfice ?

20. — Combien faut-il ajouter d'eau à 879 litres de vin pour obtenir 95 décalitres de mélange ?

21. — Un marchand a acheté une pièce de vin de 250 litres pour 100 francs : il veut gagner 25 0/0 ; à combien doit-il revendre le litre ?

MESURES DE POIDS

149. On appelle **mesures de poids** ou simplement **poids** les mesures dont on se sert pour peser.

150. Gramme. — L'unité des mesures de poids est le *gramme* ; une pièce d'un centime en cuivre pèse 1 gramme.

151. Multiples. — Les multiples du gramme sont :
Le *décagramme*, qui vaut   10 grammes ;
L'*hectogramme*,   —   100   —
Le *kilogramme*,   —   1.000   —

152. Sous-multiples. — Les sous-multiples du gramme sont :

Le *décigramme*, qui vaut 0,1 de gramme et s'écrit 0^g,1 ;
Le *centigramme*,   —   0,01   —   0^g,01.
Le poids le plus fréquemment employé est le *kilogramme* ; c'est le poids d'un litre d'eau ; on évalue aussi fréquemment les pesées ordinaires au moyen du demi-kilogramme ou de la *livre*.

153. Écriture des mesures de poids. — Le gramme étant pris pour unité, les décagrammes s'écrivent au rang des dizaines, les décigrammes au rang des dixièmes.

Mais on prend le plus souvent le kilogramme pour unité ; alors le myriagramme occupe le rang des dizaines, l'hectogramme occupe le rang des dixièmes, le décagramme celui des centièmes, et le gramme celui des millièmes.

Ainsi, le nombre 45 grammes, 3 décigrammes s'écrit : 46^g,3 ;

Le nombre 7^{Dg}, 8^g, 4^{dg} s'écrit : 78^g,4 ;

Le nombre 5^{hg}, 7^g, 4^{cg} s'écrit : 607^g,01 ;

Le nombre 7^{kg}, 3$_D{}^g$, 15^{cg} s'écrit 7.030^g,15, en représentant chaque unité par un chiffre.

Si l'on prend le kilogramme pour unité, le nombre précédent s'écrira : 7^{kg},03015 centigrammes.

154. Mesures effectives. — Outre les poids qui viennent d'être désignés, on emploie encore les doubles et les demis de chacun de ces poids, comme le *double-gramme*, le *demi-décagramme*, le *double-décagramme*, le *demi-hectogramme*, etc. Il y a 24 poids effectifs.

155. Quintal métrique. Tonne métrique. — Le *quintal métrique* indique une pesée de 100 kilogrammes ; la *tonne métrique*, une pesée de 1.000 kilogrammes.

Lorsqu'un poids considérable est exprimé en kilogrammes, on compte donc autant de quintaux métriques qu'il y a de fois 100 kilogrammes, et autant de tonnes métriques qu'il y a de fois 1.000 kilogrammes.

156. Les poids en usage sont en fonte ou en cuivre.

157. Poids en fonte. — Les poids en fonte sont au nombre de dix ; ce sont les poids de 50^{kg}, 20^{kg}, 10^{kg}, 5^{kg}, 2^{kg}, 1^{kg}, 5^{hg}, 1^{hg}, 50^{g}.

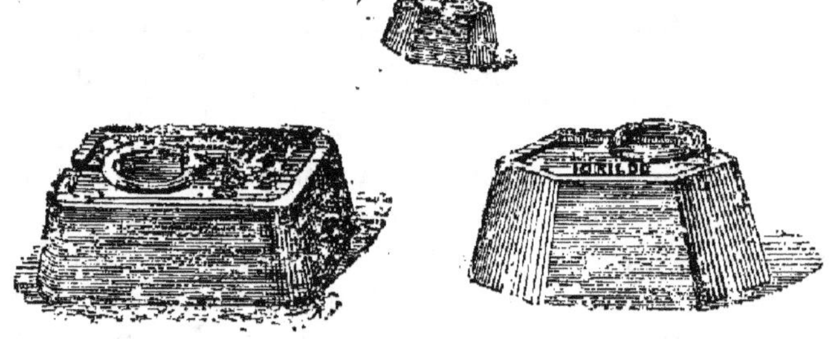

Les plus gros, ceux de 50^{kg} et 20^{kg} sont quadrangulaires ; les autres ont six faces latérales.

158. Poids en cuivre. — Les poids en cuivre sont cylindriques et ils sont surmontés d'un bouton, qui en rend le maniement plus facile. Voici la forme de ces poids.

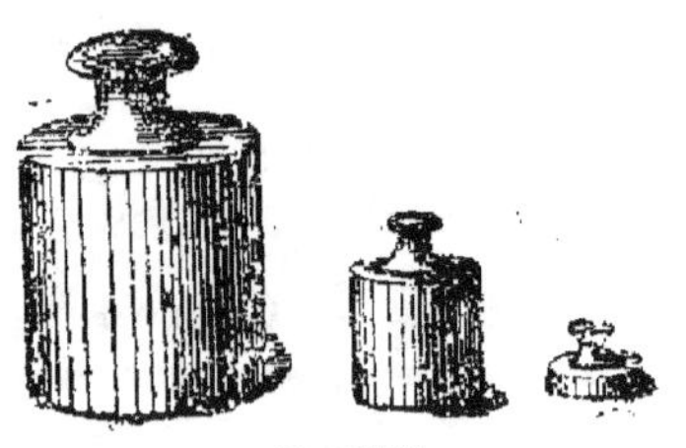

La série comprend les poids de 20^{kg}, 10^{kg}, 5^{kg}, 2^{kg}, 1^{kg}, 5$_{D}$^{g}, 2^{Dg}, 1^{Dg}, 5^{g}, 2^{g}, 1^{g}.

159. Les poids au-dessous du gramme ou les petits poids, qui sont au nombre de 9, ont la forme de petites lames de cuivre minces et carrées.

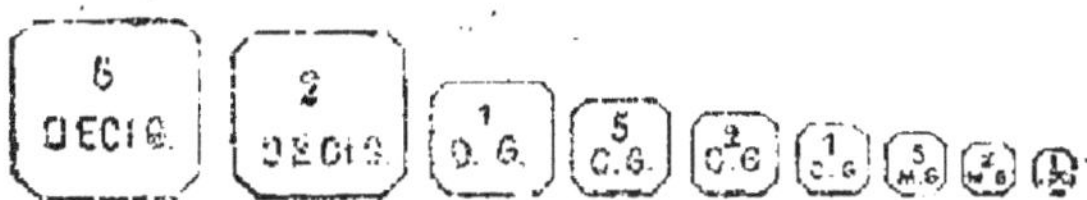

160. Balances. — Pour peser un corps, on se sert d'une balance (Voir les figures ci-dessous).

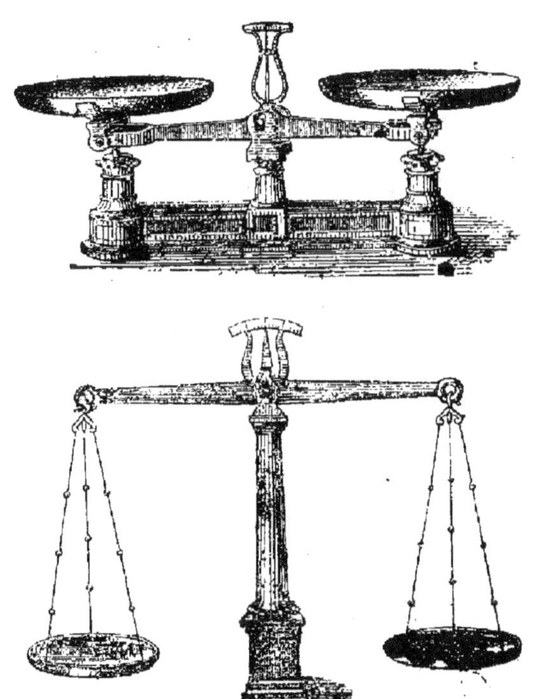

On met l'objet à peser dans un des plateaux et dans l'autre plateau des poids marqués, jusqu'à ce que les deux plateaux soient en équilibre, c'est-à-dire ne penchent pas plus d'un côté que de l'autre.

Le nombre de grammes, de décagrammes, d'hectogrammes, etc., que l'on a mis dans le plateau des poids indique le poids du corps.

Ainsi un objet qui fait équilibre aux poids suivants : 1^{kg}, 1 demi-kilogramme, 2^{hg}, 5^{dg}, 2^{dg}, pèse :

$$1.000 + 500 + 200 + 50 + 20 = 1.770 \text{ grammes, ou } 1^{kg},770.$$

QUESTIONNAIRE

1. — Qu'appelle-t-on mesures de poids ?

2. — Qu'est-ce que le gramme ?

3. — Indiquez les multiples et les sous-multiples du gramme ?

4. — Comment écrit-on un nombre indiquant des mesures de poids ?

5. — Qu'est-ce qu'un quintal métrique ? une tonne métrique ?

6. — Quels sont les poids en fonte ? quelle en est la forme ?

7. — Quels sont les poids en cuivre ? quelle en est la forme ?

8. — Donnez la série des petits poids ? quelle forme leur a-t-on donnée ?

9. — Comment pèse-t-on un objet ?

EXERCICES

1. — Combien le gramme vaut-il de décigrammes, de centigrammes ?

2. — Combien le décagramme vaut-il de grammes, de décigrammes, de centigrammes ?

3. — Combien l'hectogramme vaut-il de grammes, de décagrammes, de décigrammes ?

4. — Combien le kilogramme vaut-il de décagrammes, d'hectogrammes, de grammes, de décigrammes ?

5. — Combien le double-décagramme vaut-il de grammes, de décigrammes ?

6. — Combien le demi-décagramme vaut-il de grammes, de décigrammes, de centigrammes ?

7. — Combien le demi-hectogramme vaut-il de grammes, de décagrammes ?

8. — Combien le double-hectogramme vaut-il de grammes, de décagrammes ?

9. — Combien le demi-kilogramme vaut-il de grammes, de décagrammes, d'hectogrammes?

10. — Combien le double-kilogramme vaut-il d'hectogrammes, de décagrammes, de grammes?

11. — Combien le myriagramme vaut-il de kilogrammes, d'hectogrammes, de décagrammes, de grammes?

12. — Combien le poids de 20 kilogrammes vaut-il d'hectogrammes, de décagrammes, de grammes?

13. — Combien 50 kilogrammes valent-ils de grammes, d'hectogrammes, de décagrammes?

14. — Combien 7 kilogrammes valent-ils de grammes, d'hectogrammes, de décagrammes?

15. — Combien 3 hectogrammes valent-ils de décagrammes, de grammes?

16. — Combien 8 quintaux valent-ils de kilogrammes, de grammes, d'hectogrammes, de décagrammes?

17. — Combien, dans 3 tonnes métriques, y a-t-il de kilogrammes, d'hectogrammes, de grammes?

17 *bis.* — Combien de quintaux, de tonnes métriques dans 24.675 kilogrammes?

18. — **Lire les nombres suivants** : 4^{g},5 ; 6^{dg},7 ; 8^{hg},6 ; 7^{kg},3 ; 8^{mg},7 ; 7^{g},04 ; 6^{g},085 ; 17^{dg},08 ; 8^{dk},075 ; 6^{dg},1708 ; 10^{hg},05 ; 7^{hg},108 ; 8^{hg},0015 ; 3^{kg}08 ; 5^{kg},0175 ; 9^{kg},00185 ; 2^{mg},08 ; 15^{mg},250 ; 12^{mg},0085 ; 5^{mg},20856.

19. — **Ecrire les nombres suivants :** 15 grammes 3 décigrammes ; 12^{g},4 centigrammes ; 25^{g},16 milligrammes ; 3^{dg},8^{g} ; 4^{dg},35 centigrammes ; 5^{hg},6^{g} ; 18^{hg},28^{g} ; 7^{hg},10 décigrammes ; 12^{hg},6 centigrammes ; 13 décigrammes ; 75 centigrammes ; 108 décigrammes ; 3^{kg},45^{g} ; 7^{kg},2^{g} ; 18 ^{kg},25 décigrammes ; 3^{g},5 milligrammes ; 38^{hg},15 centigrammes ; 39 décagrammes ; 125 centigrammes.

20. — **Ecrire les nombres suivants :** 674.987^{cg}, 967^{dg}, 3.675^{dg}, 39^{hg}, 47^{mg}, 897.657^{mg}, en prenant le kilogramme pour unité principale.

21. — **Transformer successivement** en décagrammes, en hectogrammes, en kilogrammes, en myriagrammes les nombres de grammes suivants : 2.748 grammes, 475 grammes, 89 grammes, 87.400 grammes, 8 grammes, 200 grammes.

22. — **Convertir successivement** en décigrammes, centigrammes et milligrammes les nombres suivants : 45^{g}; 6^{g}; 2^{dg},6; 7^{dg},08; 275^{g}; 4^{hg},6; 9^{hg},034; 5^{hg}; 15^{dg}; 27^{g},6.

PROBLÈMES ORAUX

1. — *Quel est le poids total de 150 soliveaux pesant chacun 30 kilogrammes ?*

2. — *A 0ᶠ,75 le kilogramme d'une marchandise, combien paye-rait-on pour 500ᵍʳ, 250ᵍ, 300ᵍ, 100ᵍ ?*

3. — *Un petit baril contient 135 litres d'eau pure ; quel est le poids de cette eau ?*

4. — *On pèse l'eau contenue dans un vase et l'on trouve 1ᵏᵍ65 ; quelle est la contenance de ce vase ?*

5. — *Un vase vide pèse 1ᵏᵍ,30 ; plein d'eau il pèse 3ᵏ,50 ; quelle est sa contenance ?*

6. — *Un épicier achète 80 pains de sucre pesant en moyenne 12ᵏᵍ chacun ; quel est le poids total de ce sucre ?*

7. — *D'un pain de sucre pesant 8ᵏᵍ,5 on détache un morceau de 250 grammes ; combien en reste-t-il ?*

8. — *Une personne débourse 18 francs pour 3 kilogrammes de café ; quel est le prix du demi-kilogramme ou de la livre ? combien payerait-on pour 250ᵍ, pour 125ᵍ du même café ?*

9. — *A 0ᶠ,65 le demi-kilogramme de sucre, combien payera-t-on pour 2ᵏᵍ,5, pour 2ʰᵍ,5 ?*

10. — *La tonne de houille coûte 58ᶠ,60 ; à combien revient le quintal ? à combien les 50 kilogrammes ?*

11. — *Un litre de vin pèse 910 grammes ; quel serait le poids d'une pièce de vin de 200 litres, vase non compris ?*

12. — *Combien de pains de sucre du poids de 11ᵏᵍ aura-t-on pour une somme de 550 francs ?*

13. — *Combien payerait-on pour 250 grammes de tabac, à 4 fr. le kilogramme ?*

14. — *Un enfant achète à la boucherie 300ᵍ de viande à 2ᶠ,50 le kilogramme ; combien payera-t-il ?*

15. — *Il donne en payement une pièce de 5 francs ; que doit-on lui rendre ?*

16. — *Que doit-on payer pour 3ᵏᵍ de pain, à 0ᶠ,15 la livre de 500 grammes ?*

17. — *A 50 centimes la livre, combien le kilogramme, l'hecto-gramme, le décagramme, le gramme ?*

18. — *A 20 francs les 100 bottes de foin de 5 kilogrammes, combien payerait-on pour 1 botte, pour 1 kilogramme ?*

19. — *J'achète 750 grammes de café à 1ᶠ,60 la livre, combien doit-on me rendre sur 10 francs ?*

20. — *Un chef d'usine achète 75 tonnes de houille au prix de 50 francs les 1.000 kilogrammes. Que doit-il payer ?*

21. — *Un baril de 75 litres d'encre est payé 30 francs ; quel est le prix du litre ?*

PROBLÈMES ÉCRITS

1. — Un négociant avait 9.747 kilogrammes de savon ; mais il en a cédé 49 quintaux métriques à l'un de ses amis. Combien lui en reste-t-il ?

2. — Quel est le poids d'un tonneau de vin contenant 228 litres, si le litre pèse 925 grammes et si le poids du tonneau vide est de 43^{kg},5 ?

3. — A 3^f,40 le kilogramme d'huile d'olive, que vaut 1 litre pesant 915 grammes ?

4. — On a payé 26^f,50 les 500 kilogrammés de charbon de terre ; à combien revient le kilogramme ?

5. — Un orfèvre a fondu 2^{kg},650 d'argent avec 75^{dg} de cuivre ; quel est le poids de l'alliage ?

6. — On a payé 937^f,50 pour 75 quintaux de foin ; à combien revient le kilogramme ?

7. — Combien y a-t-il de livres dans 285^{kg} ?

8. — Un lingot pèse 2^{mg},3548 et un autre 35^{hg},6. Combien de grammes pèsent-ils ensemble ?

9. — Que pèsent 75 centilitres d'eau ? 315^l,8 ?

10. — Quelle capacité représentent 24^{kg},5 d'eau ?

11. — Un arrosoir contient 15^l,4 d'eau ; vide, il pèse 2^{kg},3. Que pèse-t-il plein d'eau ?

12. — Que coûterait un portail de fer du poids de 645 kilogrammes, à raison de 26^f,75 les 100 kilogrammes ?

13. — Une pièce de 100 francs en or pèse 32^g,258 et une pièce de 20 francs, 6^g,4516 ; quelle est la différence de poids des deux pièces ?

14. — Pour peser une marchandise, on a employé les poids suivants : un poids de 20^{kg} ; un poids de 10^{kg} ; un poids de 5^{kg} ; deux poids de 2^{kg} ; un poids de 500^g et deux poids de 1^{hg}. Quel est le poids total de la marchandise ?

15. — Un bœuf mange 8^{kg},35 grammes de foin par jour. En combien de jours aura-t-il consommé 3 quintaux 45^{kg} ?

16. — Une ménagère achète 1^{kg},845 de bœuf ; 5^{hg},3 de mouton et 325^g de veau ; combien de grammes de viande a-t-elle acheté en tout ?

17. — On compte que 1^{kg} de farine donne en moyenne 1^{kg} un quart de pain. Combien faut-il de farine pour avoir 25^{kg},6 de pain ?

18. — Une personne achète 500 grammes de café à 6^f,40 le kilogramme et 2^{kg},5 de chocolat à 4^f,25 le kilogramme. Combien doit-t-on lui rendre sur un billet de 50 francs qu'elle donne en payement ?

19. — 3 caisses de savon d'égale contenance ont été achetées 0^f,95 le kilogramme et revendues 1^f,15 le kilogramme. Le bénéfice total a été de 75^f,60. Combien y avait-il de kilogrammes de savon dans chaque caisse ?

20. — Une marchandise devrait peser 43 quintaux métriques ; mais elle ne pèse que 4.295^{kg},675 ; que faut-il y ajouter pour obtenir le poids véritable ?

21. — Un fût plein de vin pèse 287 kilogrammes ; vide, il ne pèse que 3^{mg},75 décagrammes. Quel est le poids du vin qu'il contient ?

22. — Un marchand s'engage à livrer 10 quintaux de pommes de terre ; mais il n'en a 9.576 hectogrammes à sa disposition. Quelle quantité doit-il se procurer ?

23. — Un paquet de bougies qui pèse 465 grammes est vendu 1^f,40. Quel est le prix du kilogramme ?

24. — Un épicier a fait venir 3 tonneaux d'huile dont le premier pèse 185^{kg},07, le deuxième 2 quintaux, 093 ; le troisième 1.632^{hg},8. Quel est le prix total de cet envoi si l'huile vaut 1^f,20 le demi-kilogramme et si chaque tonneau vide pèse 21 kilogrammes ?

25. — Un tonneau rempli d'eau pèse 1.539^{kg},8 ; le tonneau vide pèse 24^{kg},3. Quelle est en hectolitres la capacité de ce tonneau ?

MESURES MONÉTAIRES

161. On appelle **mesures monétaires** ou simplement **monnaies** les pièces de monnaie qui servent à évaluer le prix des choses.

162. Le Franc. — L'unité monétaire est le *franc*.

C'est une pièce de monnaie du poids de 5 grammes, contenant actuellement 0,835 de son poids d'argent pur et 0,165 de cuivre.

163. Multiples. — Le franc n'a pas de multiples ; on dit 10 francs, 100 francs, 1.000 francs.

164. Sous-multiples. — Les sous-multiples du franc sont :

Le décime, qui vaut 0,1 de franc et s'écrit 0^f,1 ;
- Le centime,   —   0,01   —   0^f,01.

L'expression décime est peu usitée ; on dit plus communément 10 centimes.

165. Écriture des mesures monétaires. — Le franc étant pris pour unité, les décimes occupent le rang des dixièmes et les centimes le rang des centièmes.

166. Pièces de monnaie. — Les pièces de monnaie sont en or, en argent ou en bronze.

167. Monnaies en or. — Les monnaies en or sont :
La pièce de 100 francs, qui pèse 32^g,258 ;
  —   50 —   —   16^g,129 ;
  —   20 —   —   6^g,451 ;
  —   10 —   —   3^g,225 ;
  —   5 —   —   1^g,612 .

On trouve, d'après ces poids, que 1 gramme d'or vaut 3^f,10.

Ces pièces sont formées d'un alliage qui contient 0,9 de son poids d'or pur et 0,1 de cuivre. Sur 1.000^g d'alliage, il y a donc 900^g d'or et 100^g de cuivre.

168. Monnaies d'argent. — Les monnaies d'argent sont :
La pièce de 5 francs, qui pèse 25^g ;
  —   2 —   —   10^g ;
  —   1 —   —   5^g ;
  —   0^f,50,   —   2^g,50 ;
  —   0^f,20,   —   1^g.

On voit, à l'examen de ces pièces, que 1 gramme d'argent vaut juste 20 centimes.

La pièce de 5 francs est formée d'un alliage qui contient 0,9 de son poids d'argent et 0,1 de cuivre. Sur 1.000^g de cet alliage, il y a donc 900^g d'argent et 100^g de cuivre.

L'alliage des autres pièces est le même que celui de la pièce de 1 franc. Sur 1.000^g de cet alliage, il y a donc 835 grammes d'argent et 165^g de cuivre.

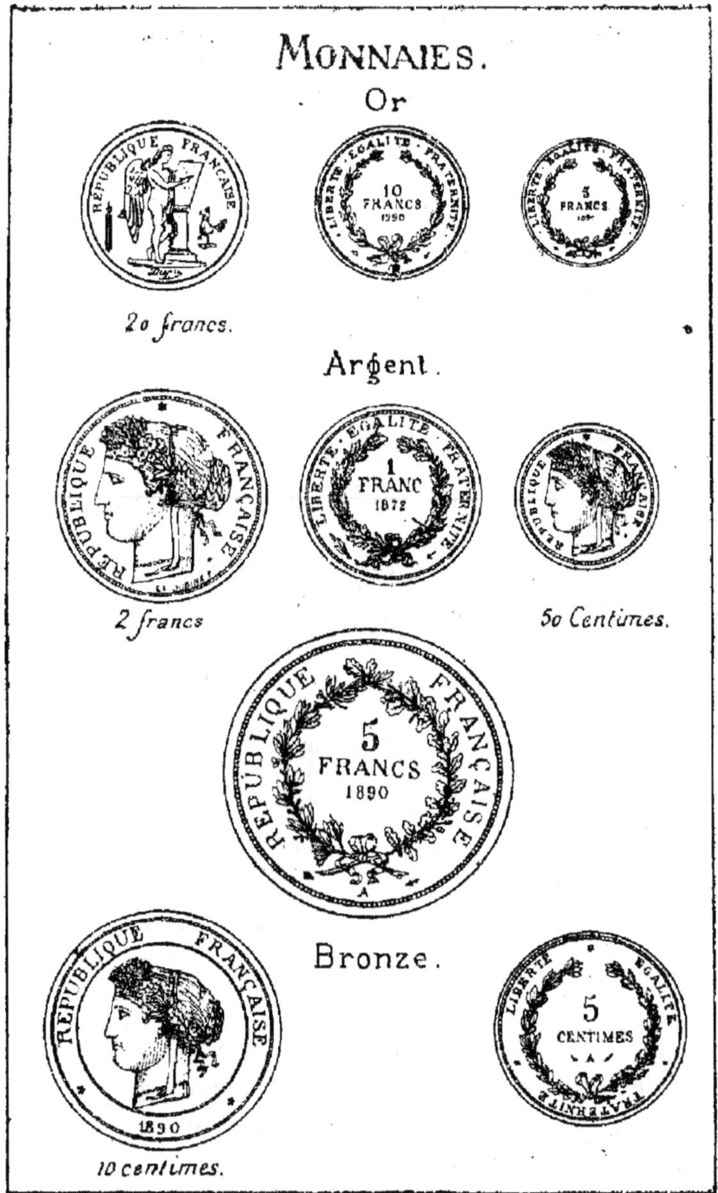
MONNAIES.
Or
RÉPUBLIQUE FRANÇAISE
LIBERTÉ · EGALITÉ · FRATERNITÉ
10
FRANCS
1890
LIBERTÉ · EGALITÉ · FRATERNITÉ
5
FRANCS
20 francs.
Argent.
RÉPUBLIQUE FRANÇAISE
LIBERTÉ · EGALITÉ · FRATERNITÉ
1
FRANC
1872
RÉPUBLIQUE FRANÇAISE
2 francs
5o Centimes.
RÉPUBLIQUE FRANÇAISE
5
FRANCS
1890
Bronze.
RÉPUBLIQUE FRANÇAISE
1890
LIBERTÉ · EGALITÉ
5
CENTIMES
FRATERNITÉ
10 centimes.

169. Monnaies de bronze. — Les monnaies de bronze
sont :

La pièce de 10 centimes, qui pèse 10ᵍ ;
    —   5   —   —   5ᵍ ;
    —   2   —   —   2ᵍ ;
    —   1   —   —   1ᵍ.

On voit que le gramme de bronze vaut juste 1 centime.
La pièce de 5 centimes s'appelle communément un *sou*.

Ces pièces sont formées d'un alliage qui comprend, sur
100 grammes, 95ᵍ de cuivre, 4ᵍ d'étain et 1ᵍ de zinc.

QUESTIONNAIRE

1. — Qu'appelle-t-on mesures monétaires ?
2. — Qu'est-ce que le franc ?
3. — Quels sont les multiples et les sous-multiples du franc ?
4. — Quelles sont les monnaies en or ?
5. — Comment est formé l'alliage de ces pièces ?
6. — Quelle est la valeur d'un gramme d'or ?
7. — Quelles sont les monnaies d'argent ?
8. — Comment est formé l'alliage de ces pièces ?
9. — Quelle est la valeur d'un gramme d'argent ?
10. — Quelles sont les monnaies de bronze ?
11. — Comment est formé l'alliage de ces pièces ?
12. — Que vaut un gramme de bronze ?
13. — Qu'est-ce que le sou ?

EXERCICES :

1. — Combien le franc vaut-il de décimes ? de pièces de 5 centimes ? de pièces de 2 centimes ?
2. — Combien 200 centimes valent-ils de francs ?
3. — Combien de francs dans 10 décimes ? dans 15 décimes ?
4. — Combien 3 décimes font-ils de centimes ?
5. — Combien de centimes dans 4 francs ? dans 10 francs ? dans
30 francs ?
6. — Combien 12 sous font-ils de centimes ? combien de centimes
dans 13 sous ? dans 17 sous ? dans 11 sous ?
7. — Combien de sous dans 45 centimes ? dans 75 centimes ? dans
80 centimes ? dans 95 centimes ?

8. — Combien valent 6 pièces de 50 centimes ? 5 pièces de 20 centimes ? 8 pièces de 2 francs ?

9. — Combien valent 3 pièces en or de 50 francs ?

10. — Quel est le poids de la pièce de 5 francs en argent ? de la pièce de 5 francs en or ?

11. — Quel est le poids de la pièce de 20 francs en or ? de la pièce de 50 francs ? de la pièce de 10 francs ? de la pièce de 100 francs.

12. — Quel est le poids de la pièce de 2 francs ? de la pièce de 0ᶠ,50 ? de la pièce de 20 centimes ?

13. — Combien pèse un sou ? 1 centime ? 10 centimes ?

PROBLÈMES ORAUX

1. — *Que pèsent 250 francs en argent ? en bronze ?*

2. — *Que valent 150ᵍ d'argent? d'or? de bronze ?*

3. — *Que vaut 1 kilogramme d'or ? 1 kilogramme d'argent ? 1 kilogramme de bronze ?*

4. — *On achète pour 390 francs du vin à 0ᶠ,60 le litre ; combien en aura-t-on de litres ?*

5. — *Combien 3.745 décimes font-ils de francs ?*

6. — *Exprimez en francs : 31.806 centimes.*

7. — *Que pèsent 1.000 francs en argent monnayé ?*

8. — *Que valent 100 grammes d'or monnayé ?*

9. — *Que valent 750 grammes de bronze?*

10. — *Quel est le poids de 550 francs en argent ?*

11. — *Quel est le poids de la même somme en bronze ?*

12. — *Combien de sous dans 1 franc ? dans 10 francs ? dans 5 francs ?*

13. — *Combien pèseraient 8 pièces de 1 francs ? 4 pièces de 5 francs ? 10 pièces de 0ᶠ,50 ? 15 pièces de 0ᶠ,20?*

14. — *Quelle est la valeur d'une somme composée de 4 pièces de 1 franc, 3 pièces de 5 francs, 5 pièces de 0ᶠ,50, 1 pièce de 20 centimes et 3 sous ?*

15. — *Combien y a-t-il de pièces de 5 francs dans 100 francs? dans 1.000 francs ?*

16. — *Quel est le poids d'une somme de 2 francs en sous ?*

17. — *Quel est le poids de 10 pièces de 20 francs en or ? de la même somme en argent ? en bronze ?*

18. — *Quelle somme payerait-on avec 4 pièces de 5 francs, 3 pièces de 2 francs, 1 pièce de 1 franc, 1 pièce de 50 centimes et une pièce de 10 centimes?*

19. — *Combien de mètres de doublure à 0ᶠ,30 aura-t-on pour 1ᶠ,80 ?*

20. — *Combien aura-t-on de plumes, à 4 pour 5 centimes, avec une somme de 10 francs ?*

21. — *Le cent d'œufs vaut 60 francs ; à combien revient la douzaine ?*

PROBLÈMES ÉCRITS

1. — Quel est le poids de 12 pièces de 5 francs en argent et de 5 pièces de 2 francs ?

2. — Quel est le poids d'un objet qui ait équilibre à 15 pièces de 5 centimes et à 3 pièces de 1 centime ?

3. — Quelle somme a-t-on payée avec 7 pièces de 5 francs, 3 pièces de 2 francs, 8 pièces de 1 franc, 4 pièces de 50 centimes et 6 pièces de 5 centimes ?

4. — Une somme de 270 francs en argent pèse 1.350 grammes ; quel serait le poids de la même somme en or, si l'or pèse 15,5 fois moins que l'argent à valeur égale ?

5. — Quelle est la somme en argent qui pèse 375 grammes ?

6. — Quelle somme représente un poids de 150 grammes : 1° en or ; 2° en argent ; 3° en bronze ?

7. — Quel est le poids d'une somme de 1.485 francs en or ?

8. — Quel est le poids de 35 francs en monnaie de bronze ?

9. — Combien y a-t-il d'argent pur dans une somme formée de 54 pièces de 5 francs ?

10. — Quelle est la quantité d'argent pur que renferme une somme de 95 francs en monnaie divisionnaire de 2 francs, 1 franc, 0ᶠ,50, 0ᶠ,20 ?

11. — Quel est le poids de l'or pur renfermé dans une somme de 1.150 francs ?

12. — Quelle est la pièce d'argent qui pèse autant que 25 centimes en bronze ?

13. — Un sac rempli de monnaie d'argent pèse 1.895 grammes ; le poids du sac vide est de 55 grammes ; quelle est la valeur de la somme qu'il renferme ?

14. — Une somme se compose de 400 francs en or, 625 francs en argent et 15 francs en monnaie de bronze ; quel est son poids ?

15. — Combien pourra-t-on fabriquer de pièces de 5 francs avec 575 francs d'argent monnayé ?

16. — Quelle somme pourrait-on faire en pièces au-dessous de 5 francs avec 626ᵍ,25 d'argent pur ?

17. — On a 3 rouleaux d'or : le premier renferme 20 pièces de

20 francs; le second 20 pièces de 10 francs et le troisième 20 pièces de 5 francs; quelle somme représentent ces 3 trois rouleaux et quel en est le poids ?

18. — On a un lingot d'or monnayé du poids de 322^g,58 ; quelle somme pourra-t-on faire avec ce lingot ?

19. — Quel sera le poids de la monnaie d'or équivalente à 35 pièces de 5 francs et 18 pièces de 2 francs ?

20. — Calculer les poids d'argent pur et de cuivre contenus dans une somme formée par 175 pièces de 5 francs ?

21. — Une personne reçoit 136 pièces de 5 francs d'argent, 348 pièces de 2 francs et 80 pièces de 50 centimes. Quel est le poids de cette monnaie ?

22. — Quel est le poids du cuivre contenu dans 980 francs en pièces de 5 francs ?

23. — Combien peut-on faire de pièces de 2 francs avec un lingot d'argent pur pesant 1^{kg},670?

24. — Quel est le poids d'une marchandise à laquelle on fait équilibre au moyen de 25 pièces de 2 francs et 48 pièces de 5 centimes ?

25. — Combien faut-il placer de pièces de 2 francs avec 42 pièces de 5 francs d'argent pour obtenir un poids de 2 kilogrammes ?

MESURES DE SURFACE

170. Les **mesures de surface** ou de **superficie** servent à évaluer les surfaces, telles que la surface d'un plancher, d'un mur, d'une cour, d'un terrain quelconque : champ, pré, bois, vigne, etc.

171. Mètre carré. — L'unité principale des mesures de surface est le *mètre carré* ; c'est un carré d'un mètre de côté, il est semblable à la figure ci-contre, dont tous les côtés sont égaux.

Carré

172. Multiples. — Les multiples du mètre carré sont :

Le **Décamètre carré** (^{Dmq}) ;
L'**Hectomètre carré** (^{Hmq}) ;
Le **Kilomètre carré** (^{Kmq}) ;
Le **Myriamètre carré** (^{Mmq}).

Le *Décamètre carré* est un carré qui a un décamètre de côté; il vaut 100 mètres carrés.

L'*Hectomètre carré* est un carré qui a un hectomètre de côté ; il vaut 100 fois 100 ou 10.000 mètres carrés.

Le *Kilomètre carré* est un carré qui a un kilomètre de côté ; il vaut 100 fois 10.000 ou 1.000.000 de mètres carrés.

Le *Myriamètre carré* est un carré qui a un myriamètre de côté ; il vaut 100 fois 1.000.000 ou 100.000.000 de mètres carrés.

173. Sous-multiples. — Les sous-multiples du mètre carré sont :

Le **décimètre carré**, (dmq) ;

Le **centimètre carré**, (cmq) ;

Le **millimètre carré**, (mmq).

Le *décimètre carré* est un carré qui a un décimètre de côté ; il est le centième du mètre carré.

Le *centimètre carré* est un carré qui a un centimètre de côté ; il est le centième du décimètre carré et le dix-millième du mètre carré.

Le *millimètre carré* est un carré qui a un millimètre de côté ; il est le centième du centimètre carré, le dix-millième du décimètre carré et le millionième du mètre carré.

174. Les mesures de surface vont de cent en cent. —

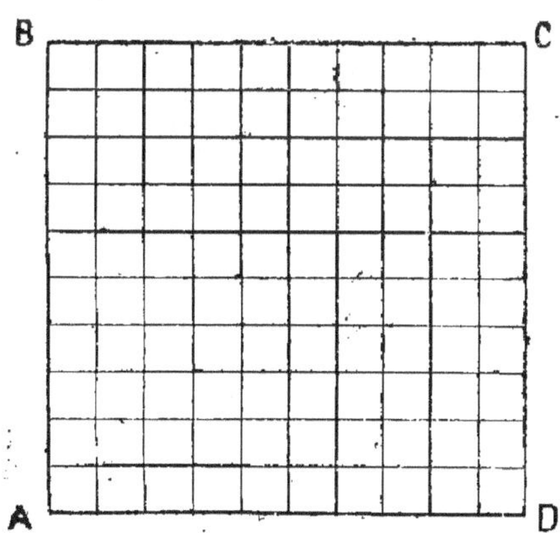

Si l'on suppose, en effet, que le carré ci-contre est un décimètre carré, on voit que les lignes qui sont menées le partagent en cent centimètres carrés.

175. Mesures agraires. — On appelle *mesures agraires* les mesures qui servent plus spécialement a évaluer la superficie des terrains.

176. Are. — L'unité principale des mesures agraires est l'*are*, qui est équivalent au Décamètre carré.

L'are a pour *multiple* l'**hectare**, qui vaut 100 ares et correspond à l'Hectomètre carré ; pour *sous-multiple* le **centiare**, qui est le centième de l'are et équivaut au mètre carré.

177. Écriture des mesures de surface. — Chaque mesure de surface étant la centième partie de celle qui la précède, il en résulte que, le mètre carré étant pris pour unité, on doit écrire :

1º Les décimètres carrés comme des centièmes, c'est-à-dire avec 2 chiffres décimaux ;

2º Les centimètres carrés comme des dix-millièmes, c'est-à-dire avec 4 chiffres décimaux ;

3º Les millimètres carrés comme des millionièmes, c'est-à-dire avec 6 chiffres décimaux.

Il faut donc 2 chiffres pour représenter chaque unité de surface.

Ainsi, le nombre 7 mètres carrés 5 décimètres carrés 24 centimètres carrés s'écrira : $7^{mq},0524$.

Le nombre $3^{mq},45^{dmq},8^{cmq},6^{mmq}$ s'écrira : $3^{mq},450806$.

    — $6^{Dmq},35^{dmq},7^{cmq}$ s'écrira : $6^{Dmq},003507$.

    — $7^{Hmq},5^{Dmq},8^{mq},29^{cmq}$ s'écrira : $8^{hmq},05080029$.

    — $2^{ha},4^{a},8^{c}$ s'écrira : $2^{ha},0408$.

De même, le nombre $5^{mq},2058$ se lit : $5^{mq},20^{dmq},58^{cmq}$.

    —   — $4^{Hmq},0845$ se lit : $4^{hmq},8^{Dmq},45^{mq}$.

    —   — $3^{ha},0781$ se lit : $3^{ha},7^{a},81$ centiares.

178. Mesure des surfaces. — Il n'y a pas de mesures de surface effectives.

Pour évaluer une surface on mesure certaines lignes de la figure et par le moyen d'une opération qu'indique la *géométrie*, on obtient la surface demandée.

Ainsi, pour évaluer la superficie de la figure ci-contre, qui est un *rectangle*, on mesure la longueur et la largeur et on multiplie ensuite entre eux les deux résultats obtenus.

La longueur étant de 4 mètres, par exemple, et la largeur de 2 mètres, la surface sera égale à $4 \times 2 = 8^{mq}$.

QUESTIONNAIRE

1. — Qu'est-ce que les mesures de surface ?
2. — Quelle est l'unité des mesures de surface ?
3. — Quels sont les multiples et les sous-multiples du mètre carré ?
4. — Donnez la valeur de chacune de ces mesures ?
5. — Quel ordre suivent les mesures de surface dans leurs subdivisions ?
6. — Comment les écrit-on ?
7. — Qu'appelle-t-on mesures agraires ?
8. — Quelle est l'unité des mesures agraires ?
9. — Faites connaître les multiples et les sous-multiples usités ?
10. — Comment mesure-t-on une surface ?

EXERCICES

1. — Combien le mètre carré vaut-il de décimètres carrés ? de centimètres carrés ? de millimètres carrés ?

— Combien de centimètres carrés dans un décimètre carré ? Combien de millimètres carrés dans un centimètre carré ?

3. — Combien le décamètre carré vaut-il de mètres carrés ? de décimètres carrés ?

4. — Combien l'hectomètre carré vaut-il de décamètres carrés ? de mètres carrés ? de décimètres carrés ?

5. — Combien le kilomètre carré vaut-il d'hectomètres carrés ? de décamètres carrés ? de mètres carrés ?

6. — Combien le myriamètre carré vaut-il de kilomètres carrés ? d'hectomètres carrés ? de décamètres carrés ? de mètres carrés ?

7. — Combien 7 mètres carrés valent-ils de décimètres carrés ?

8. — Combien 3 décamètres carrés valent-ils de mètres carrés ?

9. — Combien de décamètres carrés dans 8 hectomètres carrés ? combien de mètres carrés ?

6

10. — Quelle différence y a-t-il entre un décimètre carré et un dixième de mètre carré ?

11. — Comment représente-t-on le décimètre carré ? et le dixième du mètre carré ?

12. — Combien 5 décamètres carrés valent-ils d'ares ? de centiares ?

13. — Combien d'hectares dans 15Hmq ?

14. — Combien un hectomètre carré vaut-il d'ares ? de centiares ?

15. — Combien l'hectare vaut-il de mètres carrés ?

16. — Combien de centiares dans 145 mètres carrés ?

17. Ecrire avec les chiffres nécessaires les nombres suivants :

1° 3 mètres carrés 5 décimètres carrés ; 5 mètres carrés 36 centimètres carrés ;

2° 4 hectomètres carrés 5 décamètres carrés 6 mètres carrés ;

3° 8 kilomètres carrés 126 mètres carrés ; 7 hectomètres carrés 145 mètres carrés ;

4° 8 ares 5 centiares ; 4 hectares 25 ares; 2 hectares 7 ares 15 centiares ;

5° 8 hectares 5 ares 4 centiares : 125 ares 3 centiares;

6° 5 myriamètres carrés 25 kilomètres carrés 3 hectomètres carrés;

7° 2 myriamètres carrés 1.275 mètres carrés.

18. Lire les nombres suivants :

1° 3mq,50 ; 4mq,6 ; 18mq,0056 ; 7mq,015 ; 0mq,07 ; 0mq,0018 ;

2° 4Dmq,6 ; 13Dmq,0845 ; 6Dmq,105 ; 8Dmq,42506 ; 5Dmq,008 ; 0Dmq,457 ;

3° 4Hmq,75 : 6Hmq,4058 ; 2Hmq,425 ; 9Hmq,0508 ; 1Hmq,07 ; 0Hmq,5869 ;

4° 6Kmq,07 ; 4Kmq,084 ; 5Kmq,0489 ; 1Kmq,105678 ; 3Kmq,0056 ; 0Kmq,754;

5° 2Mmq,42 ; 3Mmq,465 ; 7Mmq,0845 ; 8Mmq,120867 ; 2Mmq,00805 ; 0Mmq,1056.

19. — Transformer le nombre 3Kmq,048256 : 1° en hectomètres carrés, 2° en décamètres carrés, 3° en mètres carrés, 4° en décimètres carrés.

20. — Convertir ce même nombre en hectares, ares et centiares.

21. — Convertir en mesures agraires le nombre 14806705 mètres carrés, le nombre 8Hmq,7Dmq,8mq.

22. — Transformer le nombre 2ha,45a,08c, en mètres carrés.

23.—Ecrire les nombres suivants, en prenant le mètre carré pour unité : $4^{Kmq},2508$; $3^{Dmq},0405$; $5^{Hmq},03508$; $7^{Kmq},00816$; $6^{Mmq},05806705$; .60 décimètres carrés ; 145 centimètres carrés ; 1.875 millimètres carrés ; $3^{ha},45$; $6^{ha},5^{a},8^{c}$.

24. Effectuer les opérations suivantes :

1° $8^{mq},5 + 65^{dmq} + 174^{cmq}$; $72^{a} + 5^{a},48 + 458^{a},08$; $4^{Dmq},17 + 5^{Dmq},8 + 175^{mq}$;

2° $3^{Dmq},145 + 2^{Dmq},08 + 0^{Dmq},17$; $4^{a},5 + 275^{mq} + 8^{a},04 + 2.523$ centiares ;

3° $6^{Hmq},156 + 8^{Dmq},09 + 375^{mq}$; $3^{ha},4^{a},5^{c} + 2^{ha},084 + 3484$ ares ;

4° $8^{ha},7 — 3^{ha},125$; $13^{Dmq},56 — 475^{mq}$; $8^{mq},015 — 64^{dmq}$;

5° $17^{ha},50 — 308^{a},45$; $3^{ha},145 — 196^{mq}$; $215^{a} — 1^{ha},8^{a}$;

6° $6^{ha},78 \times 28$; $7^{a},85 \times 0,08$; $4353^{mq},7 \times 39$; $3^{Dmq},176 \times 87$;

7° $8^{Hmq},076 \times 109$; $7^{Kmq} 458 \times 8,4$; $6^{ha},008 — 72,5$;

8° $5^{ha},38 : 6$; $76^{a},35 : 6,7$; $9^{a},15 : 13,5$; $6^{Dmq},75 : 72$;

9° $428^{mq},7 : 0,18$; $34^{ha},28 : 6,5$; $15^{Kmq},658 : 0,48$.

PROBLÈMES ORAUX

1. — *A $0^{f},05$ le mètre carré, combien payerait-on pour 15 mètres carrés de surface ?*

2. — *D'un terrain contenant 3 ares, on retranche 20 mètres carrés, combien reste-t-il ?*

3. — *A un jardin d'une contenance de $5^{a},40$ on ajoute 45 mètres carrés, quelle sera la nouvelle surface ?*

4. — *Un terrain d'une superficie de 300 ares est partagé en 6 parts égales, quelle sera en mètres carrés la valeur de chaque part ?*

5. — *Combien aurait-on de mètres carrés de terrain pour 400 francs, à raison de 20 francs le mètre carré ?*

6. — *Un domaine de 25 hectares a été vendu 100.000 francs ; quel est le prix de l'hectare ? de l'are ? du mètre carré ?*

7. — *A 150 francs l'are, que coûte le centiare ? l'hectare ?*

8. — *A $0^{f},50$ le mètre carré de peinture ; combien payera-t-on pour une surface de 30 mètres carrés ?*

9. — *Une personne achète 30 ares de terrain au prix de 150 francs l'are ; que redoit-elle si elle paye immédiatement 2.000 francs ?*

10. — *Un propriétaire cède 33 mètres carrés pour l'ouverture d'un chemin ; que doit-il recevoir si le mètre carré lui est payé 5 francs ?*

11. — Un champ de 25 ares a produit 100 bottes de foin. Quelle serait la production d'un hectare dans les mêmes conditions ?

12. — Une prairie d'une surface de 9 ares est vendue 729 fr. quel est le prix de l'are ?

13. — Un champ rectangulaire de 25 mètres de long sur 10 mètres de large est vendu à raison de 0ᶠ,50 le mètre carré ; quel est sa valeur ?

14. — Un peintre a mis en couleur un parquet d'une superficie de 72 mètres carrés ; combien recevra-t-il à raison de 1ᶠ,50 le mètre carré ?

PROBLÈMES ÉCRITS

1. — Un terrain de 28ᵐᵍ,15 de superficie a été payé à raison de 12ᶠ,70 le mètre carré ; quelle est sa valeur ?

2. — Quelle est la superficie d'un champ de forme rectangulaire qui a 175ᵐ,80 de long et 35ᵐ,60 de large ?

3. — Un are de bois vaut 25 francs ; que valent 4ᴰᵐᵍ,20 ?

4. — Combien faudrait-il de carreaux de 85 centimètres carrés pour carreler une salle de 35ᵐᵍ,45 ?

5. — Quelle est la surface d'une feuille de papier qui a 35 centimètres de long sur 25 centimètres de large ?

6. — Un ouvrier a mis 6 heures pour faucher un pré de 42ᵃ,50 de superficie ; combien de mètres carrés fauchait-il par heure ?

7. — Quelle surface peut-on carreler avec 1.568 carreaux de 1ᵈᵐᵍ,58 chacun ?

8. — Quelle est la valeur d'une propriété de 2ʰᵃ,30, vendue à raison de 2,548 francs l'hectare ?

9. — On a payé 3.456 francs pour un terrain de 2ᵃ,88 ; à combien revient le mètre carré ?

10. — On a revendu 0ᶠ,85 le mètre carré un terrain de 178 ares, qui avait coûté 12.687 francs. Combien a-t-on gagné ?

11. — Une chambre a 25ᵐᵍ,35 de superficie ; combien faut-il, pour la carreler, de carreaux ayant 1ᵈᵐᵍ,5 ?

12. — On échange un terrain de 45ᵃ,6, valant 0ᶠ,80 le mètre carré, contre un autre de 40ᵃ,25 ; que vaut l'are de ce dernier ?

13. — Un mètre carré de peinture coûte 1ᶠ,20. Que doit-on à un peintre qui a mis en couleur sur les deux faces une porte de 5ᵐᵍ,32 de superficie ?

14. — Un propriétaire achète un terrain de 7ʰᵃ,085 pour 212,95ᶠ. Il revend ce terrain à raison de 32ᶠ,50 l'are ; combien a-t-il gagné ?

15. — Un parc a une étendue de 7ʰᵃ,25 centiares ; les plantations

et les parties cultivées occupent une étendue de 345 ares.
Combien reste-t-il de mètres carrés pour les allées ?

16. — La superficie d'une cour est de 145 centiares ; on veut la
couvrir avec des pavés de 10 décimètres carrés, et chaque pavé
coûte, pose comprise, 0ᶠ,65 ; quelle sera la dépense?

17. — Une propriété se compose de 7ʰᵃ,25 de bois ; 873ᵈᵐᑫ,25 de
prairie ; 27ᵃ,29 de potager, et 398.734ᵐᑫ de terres labourables.
Quelle est l'étendue de cette propriété ?

18. — La superficie du département de la Seine est de 479 kilomètres carrés ; celle de Paris est de 7.802 hectares. Quelle est, en hectares, la superficie du département de la Seine en dehors de Paris ?

19. — Une personne hérite du neuvième d'une propriété de
53ʰᵃ,19ᵃ, plus d'un pré de 16.630 mètres carrés. Combien aura-t-elle
d'ares en tout ?

20. — On a labouré 35ʰᵃ,55ᵃ d'une terre en 79 jours. Combien
d'ares, combien de mètres carrés a-t-on labouré par jour?

MESURES DE VOLUMES

179. Les **mesures de volume** sont celles qui servent à
évaluer le volume des corps.

Par **volume** d'un corps, on entend la place occupée par ce
corps dans l'espace.

180. Mètre cube. — L'unité principale des mesures de
volume est le *mètre cube.*

181. — On appelle *cube* un volume ou solide, limité par
6 faces carrées égales.

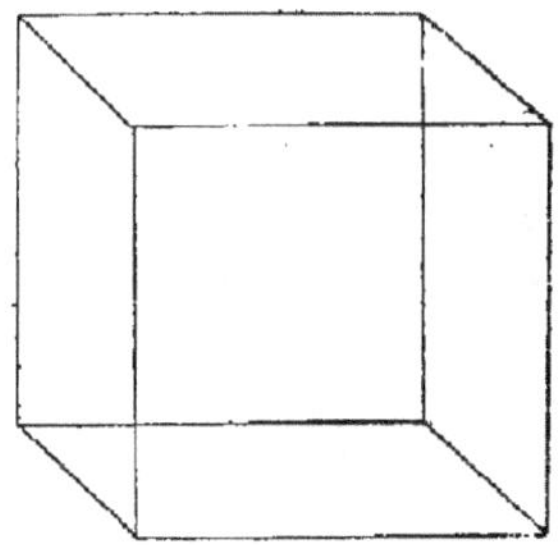

EXEMPLE : un dé à jouer, une boîte dont le fond est carré
et dont la hauteur est égale au côté de ce carré ; telle est la
figure ci-contre.

6.

182. Multiples. — Les multiples du mètre cube ne sont pas usités.

183. Sous-multiples. — Les sous-multiples du mètre cube sont :

Le **décimètre cube** (dmc) ;
Le **centimètre cube** (cmc) ;
Le **millimètre cube** (mmc).

Le *décimètre cube* est un cube d'un décimètre de côté ; il est le millième du mètre cube.

Le *centimètre cube* est un cube d'un centimètre de côté ; il est le millième du décimètre cube et le millionième du mètre cube.

Le *millimètre cube* est un cube d'un millimètre de côté ; il est le millième du centimètre cube ; le millionième du décimètre cube et le billionième du mètre cube.

184. Le mètre cube appliqué à la mesure des bois de chauffage prend le nom de *stère*, comme nous l'avons vu.

185. Écriture des mesures de volume. — Il résulte de ce qui précède que, le mètre cube étant pris pour unité, les décimètres cubes s'écrivent comme des millièmes, c'est-à-dire avec 3 chiffres décimaux ; les centimètres cubes, comme des millionièmes, c'est-à-dire avec 6 chiffres décimaux ; les millimètres cubes, comme des billionièmes, c'est-à-dire avec 9 chiffres décimaux.

Il faut donc 3 chiffres pour représenter chaque unité de volume.

Ainsi, le nombre 6mc,45dmc s'écrit : 5mc,045.

　　　— 　　8mc,13dmc,4cmc s'écrit : 8mc,013004.

De même, le nombre 5mc,248304 se lit : 5mc,248dmc,304cmc ;

　　　— 　　4mc,0513 se lit : 4mc,051dmc,300cmc.

186. Mesure des volumes. — Il n'y a pas de mesures effectives pour les volumes, excepté pour le bois de chauffage. Pour déterminer le volume des corps on se sert des mesures de longueur, et on opère comme l'indique la *géométrie*.

La figure ci-contre représente un parallélipipède rectangle.

Pour en évaluer le volume, on mesure la longueur, la largeur et la hauteur, puis on multiplie entre eux les 3 nombres obtenus. Le produit final donne le volume du corps.

La longueur, par exemple, étant de 5 mètres, la largeur de 2 mètres et la hauteur de 1ᵐ,80, le volume du parallélipipède sera égal à 5×2×1,8 = 18ᵐᶜ.

QUESTIONNAIRE

1. — Qu'entend-on par le volume d'un corps ?
2. — Quelle est l'unité principale des volumes ?
3. — Faites connaître ses multiples et ses sous-multiples.
4. — Quel ordre suivent les mesures de volumes dans leurs subdivisions ?
5. — Comment les écrit-on ?
6. — Qu'est-ce que le stère ?
7. — Comment mesure-t-on un volume ?
8. — A quoi est égal le volume du parallélipipède ?

EXERCICES

1. — Qu'est-ce que le décimètre cube ? le centimètre cube ? le millimètre cube ?
2. — Combien le mètre cube vaut-il de décimètres cubes ? de centimètres cubes ? de millimètres cubes ?
3. — Combien le dixième du mètre cube vaut-il de décimètres cubes ?
4. — Combien le centième du mètre cube vaut-il de centimètres cubes ?
5. — Combien 3 mètres cubes valent-ils de décimètres cubes ?
6. — Combien 5 mètres cubes et demi valent-ils de décimètres cubes ?
7. — Combien 8 décimètres cubes valent-ils de centimètres cubes ?

8. — Combien 5 décistères valent-ils de décimètres cubes ?

9. Écrire les nombres suivants :

1° 3 mètres cubes, 14 décimètres cubes ; 15 mètres cubes, 1.315 centimètres cubes ; 6 mètres cubes, 5 décimètres cubes 715 centimètres cubes ;

2° 65 décimètres cubes ; 168 décimètres cubes ; 2.340 centimètres cubes ; 15 centimètres cubes ; 2 décimètres cubes 34 centimètres cubes ;

3° 2 décimètres cubes, 15 centimètres cubes, 12 millimètres cubes ; 8 mètres cubes, 305 centimètres cubes ; 24 stères, 5 décistères ; 175 millimètres cubes.

10. Lire les nombres suivants :

1ª 2^{mc},145 ; 8^{mc},053 ; 6^{mc},004 ; 15^{mc},073146 ; 5^{mc},000158 ; 6^{mc},001 ; 4^{mc},000005 ;

2° 1^{dmc},348 ; 7^{dmc},045 ; 3^{cmc},248 ; 7^{mc},45 ; 2^{mc},7 ;

3° 8^{dmc},4 ; 6^{mc},4058 ; 5^{dmc},0183 ; 5^{mc},00456.

11. — Convertir en stères et fractions de stères les nombres : 240^{mc},6 ; 17^{mc},45 ; 58^{mc},006 ; 458^{dmc},158 ; 85^{dmc},430.

12. — Convertir en mètres cubes les nombres : 6.758 décimètres cubes ; 2.000 décimètres cubes ; 176.468 centimètres cubes.

13.—Convertir en décimètres cubes, puis en centimètres cubes, le nombre 13^{mc},045658.

14. Effectuer les opérations suivantes :

1° 3^{mr},014 $+$ 485^{mc},098 ; 2^{mc},04 $+$ 1^{mc},0785 ; 6^{mc},5 $+$ 0^{mc},264 ;

2° 345^{dmc},75 $+$ 36^{dmc},308 ; 48^{dmc},9 $+$ 368^{cmc} ; 6^{mc},08 $+$ 2^{mc},27285 ;

3° 342^{mc} $-$ 75^{dmc} ; 4^{mc},081 $-$ 0^{mc},0074 ; 54^{dmc},358 $-$ 7345^{cmc} ;

4° 72^{mc},5 $-$ 6849^{cmc} ; 348^{dmc},25 $-$ 0^{dmc},00895 ;

5° 8^{mc},358 $\times$ 0,65 ; 75^{dmc},6 $\times$ 3,4 ; 16^{mc},840 $\times$ 0,65 ;

6° 0^{mc},3957 $\times$ 0,0853 ; 7489^{cmc} $\times$ 85 : 18^{cmc},753 $\times$ 59 ;

7° 145^{mc},7 : 25 ; 6^{mc},875 : 35 ; 576^{dmc},8 : 49 ; 678^{mc},6 : 0,75 ;

8° 0^{mc},85 : 0,48 ; 31^{mc},1 : 0,07 ; 6^{mc},4875 : 678.

PROBLÈMES ORAUX

1. — *Combien coûteraient* 14^{mc},6 *de bois de charpente à* 20 *francs le mètre cube?*

2. — *A* 0^f,15 *le décimètre cube, que payerait-on pour* 3 *mètres cubes ?*

3. — *Une pile de bois renferme* 10^{mc},5 ; *combien vaut-elle à* 12 *francs le stère ?*

4. — *J'ai un bloc de bois dont le volume est de 0ᵐᶜ,758 ; combien y a-t-il de décistères ?*

5. — *Une motte de beurre a un volume de 12ᵈᵐᶜ,5 ; si on la partage en 5 morceaux, quel sera le volume de chaque morceau ?*

6. — *Lorsqu'on paye le stère de bois 15 francs, à combien revient le décistère ? à combien le décimètre cube ?*

7. — *On a rempli de vin une cuve qui a un volume de 720 décimètres cubes ; quelle est la valeur du vin, à 0ᶠ,50 le litre ?*

8. — *Quel volume faut-il ajouter à 560 décimètres cubes pour avoir un mètre cube ?*

9. — *Un bloc de bois dont le volume est de 1ᵐᶜ,2 a été partagé en 6 morceaux de même valeur ; quel est le volume de chacun d'eux.*

10. — *Une pièce de bois équarrie mesure 1ᵐᶜ,8 ; on en retranche un morceau de 8 décistères ; combien en reste-t-il ?*

11. — *Un fût rempli de vin a un volume de 540 décimètres cubes ; on tire 130 litres de vin ; que reste-t-il dans le fût ?*

12. — *A 1ᶠ,50 le décistère, combien payerait-on pour 3 mètres cubes de bois ?*

13. — *Un décimètre cube de chêne pèse environ 8 hectogrammes ; combien pèseraient 3 stères du même bois ?*

14. — *Quelle serait la valeur de ce bois à 2 francs les 100 kilogrammes ?*

15. — *On répartit en 3 tas égaux un volume de bois de 8ˢᵗ,7 ; quel sera en décimètres cubes le volume de chaque tas ?*

16. — *Un marchand achète 350 stères de bois à 1 franc le décistère ; quelle somme redoit-il après avoir donné 1.500 francs ?*

PROBLÈMES ÉCRITS

1. — D'un bloc de pierre de 1ᵐᶜ,450 on retranche un morceau de 865 décimètres cubes ; combien en reste-t-il ?

2. — Combien payerait-on pour 13ᵐᶜ,765 à 15ᶠ,70 le mètre cube ?

3. — 38 poutres ont coûté 689ᶠ,40, à raison de 64 francs le mètre cube ; quel est le volume de chaque poutre ?

4. — Que manque-t-il à 6 décistères pour faire un mètre cube ?

5. — Un terrassier a transporté successivement 2ᵐᶜ,75 ; 3ᵐᶜ,145 ; 4ᵐᶜ,85 ; 1ᵐᶜ,085 de terre. Combien en a-t-il transporté en tout ?

6. — On veut mettre 15ᵐᶜ,5 de fumier dans un champ ; combien faudra-t-il de voitures de chacune 1ᵐᶜ,90 ?

7. — On a rempli de vin une cuve de 2ᵐᶜ,740 ; quelle est la valeur de ce vin, si on l'estime à 35 francs l'hectolitre ?

8. — Que faut-il ajouter à 9 mètres cubes pour obtenir 15.725 décimètres cubes ?

9. — Un entrepreneur doit employer 745.879 décimètres cubes de pierre pour terminer une route ; mais il n'en a que 600 mètres cubes à sa disposition. Que lui manque-t-il ?

10. — Un trou doit être comblé au moyen de 745.825 décimètres cubes de terre et débris ; mais on n'en a que 68 mètres cubes. Quelle quantité manque-t-il ?

11. — Un bloc de marbre avait 13.978.675 centimètres cubes pour volume ; le travail l'a réduit à 12^{dmc},074. Quelle quantité a été perdue ?

12. — Un marchand achète une première fois 695 décistères de bois, puis 135^{mc}, et enfin 74.329 décimètres cubes. Combien en a-t-il acheté de stères en tout ?

13. — Un bloc de pierre mesurant 24^{mc},875 est débité en margelles mesurant ensemble 22^{mc},925. Quel a été le déchet ?

14. — Un tas de bois contenait 87.637 décimètres cubes ; on en a vendu 47st,58. Quelle quantité reste-t-il ?

15. — Un tas de pierres mesurait 29^{mc},375 lorsqu'on y a ajouté d'abord 5.475 décimètres cubes, puis 17.475.675 centimètres cubes. Quel est maintenant le volume de ce tas ?

16. — Une fontaine fournit 37.869 centimètres cubes d'eau par minute ; combien fournira-t-elle de mètres cubes par heure ? par jour ?

17. — Quel est le volume d'un bloc de pierre pesant 2.801^{kg}, si 1 centimètre cube de cette pierre pèse 2^g,75 ?

18. — Ecrivez le nombre 627.200 centimètres cubes, en prenant pour unité d'abord le décimètre cube, puis le mètre cube, et dites ce qui restera en en retranchant 85^{dcm}.

19. — Un cours d'eau débite 100 mètres cubes par seconde ; combien en débite-t-il en 12 heures ?

20. — Le bois coupé dans une forêt a produit en totalité 138 décastères. Il y a 375 mètres cubes de chêne, 130 stères de frêne et 490 décistères de bouleau. Le reste est en sapin. Combien y en a-t-il de stères ?

PREMIERS ÉLÉMENTS DE GÉOMÉTRIE

CHAPITRE PREMIER

I. — DES LIGNES ET DES ANGLES

1. — **Ligne droite.** — On définit la ligne droite en disant que c'est le plus court chemin pour aller d'un point à un autre.

Un fil bien tendu nous la représente.

2. — La **ligne brisée** est un composé de lignes droites.

3. — Une **ligne courbe** est celle qui n'est ni droite, ni brisée ; le contour d'une pièce de monnaie en offre un exemple.

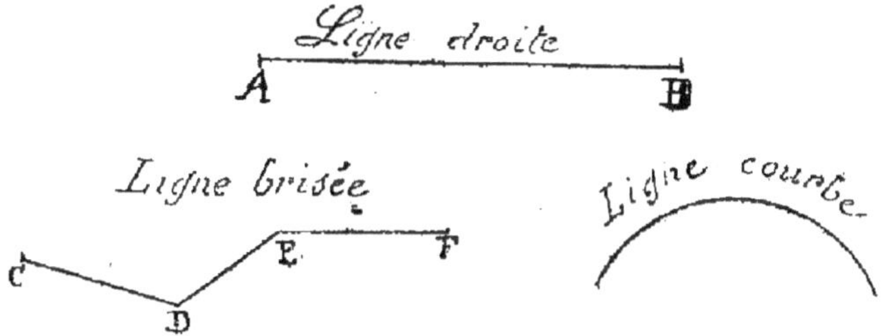

4. — **Angles.** — On appelle *angle* l'espace compris entre deux lignes droites qui se coupent. Telle est la figure ci-contre.

Le point de jonction des deux droites est appelé le *sommet* ; les deux droites qui le forment sont les deux *côtés* de l'angle.

5. — La grandeur d'un angle dépend de l'écartement et non de la longueur des côtés.

6. — Angle droit. — Un angle est *droit* lorsque les deux droites qui la forment sont perpendiculaires l'une sur l'autre. Tels sont les angles CDA et CDB de la figure ci-contre. Tous les angles droits sont égaux.

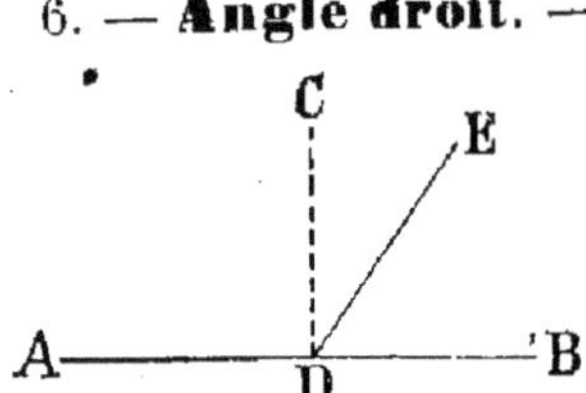

7. — Perpendiculaire. — On dit qu'une droite est *perpendiculaire* sur une autre droite, lorsqu'en tombant sur cette autre elle ne penche d'aucun côté. EXEMPLE : CD, perpendiculaire sur AB. Dans le cas contraire, la droite est *oblique*. EXEMPLE : DE.

8. — Angle aigu ; angle obtus. — Un angle est *aigu* s'il est plus petit qu'un angle droit. EXEMPLE : l'angle ADC.

Un angle est *obtus* s'il est plus grand. EXEMPLE : l'angle CDB.

9. — Parallèles. — On nomme *droites parallèles*, ou simplement parallèles, deux droites qui, tracées sur un même plan, ne peuvent jamais se rencontrer. EXEMPLE : les droites AB et CD ci-contre.

Deux droites parallèles sont partout à la même distance.

DE LA CIRCONFÉRENCE

10. — Une *circonférence* est une ligne courbe fermée, dont tous les points sont également éloignés d'un point intérieur appelé *centre*. L'espace compris dans la circonférence s'appelle *cercle*.

11. — On appelle *rayon* une ligne OC, qui va du centre à la circonférence.

12. — Le *diamètre* est une ligne AB, qui va d'un point à un autre de la circonférence en passant par le centre. Le diamètre est le double du rayon.

13. — Une *corde* est une ligne droite qui joint deux points de la circonférence. EXEMPLE : DE.

14. — **Longueur de la circonférence.** — *La longueur d'une circonférence s'obtient en multipliant le diamètre par le nombre* 3,1416.

Si le diamètre est de 4 mètres par exemple, la longueur de la circonférence sera 4 × 3,1416 = 12,5664.

Réciproquement, *on trouve le diamètre en divisant la circonférence par* 3,1416.

Si une circonférence a 12^m,566, par exemple, son diamètre sera 12,566 : 3,1416 = 4^m.

CHAPITRE II

DES SURFACES PLANES

15. — La *surface* d'un corps est l'enveloppe de ce corps ; en d'autres termes, c'est l'étendue considérée sous deux dimensions : longueur et largeur.

Une surface n'a point d'épaisseur et ne peut être séparée du corps ; cependant l'esprit peut la considérer comme existant seule ; de même que la ligne, qui n'a ni largeur, ni épaisseur et sert de limite à la surface.

Les lignes qui limitent une surface sont ses côtés.

16. — Une surface est limitée par un plus ou moins grand nombre de côtés ; les plus communes sont les surfaces terminées par trois ou par quatre côtés.

7

17. — Toute surface limitée, quel que soit le nombre de ses côtés, est appelée **polygone**. EXEMPLE: la figure ABCDE.

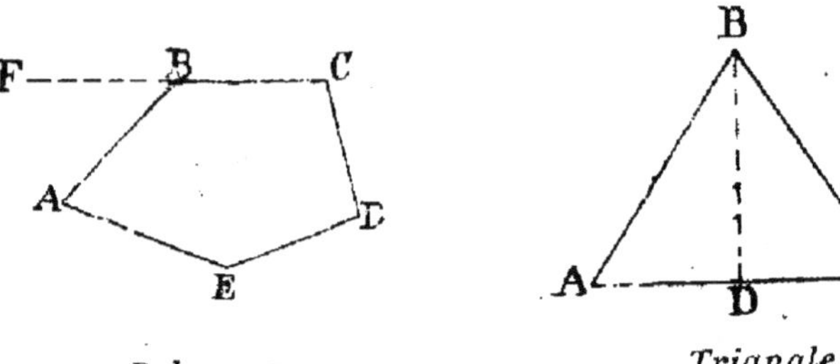

Polygone

Triangle

18. — **Triangle.** — Un *triangle* est un polygone de trois côtés. EXEMPLE : la figure ABC ci-dessus.

On appelle *base* d'un triangle l'un quelconque de ses côtés. EXEMPLE : AC. La *hauteur* est la perpendiculaire abaissée du sommet sur la base. EXEMPLE : BD.

19. — Un triangle est dit *équilatéral* lorsque' ses trois côtés sont égaux. EXEMPLE : ABC.

20. — Un triangle est dit *rectangle,* lorsqu'il a un angle droit. EXEMPLE : le triangle DEF.

21. — **Quadrilatère.** — Un *quadrilatère* est un polygone ou figure de 4 côtés. EXEMPLE : ABCD.

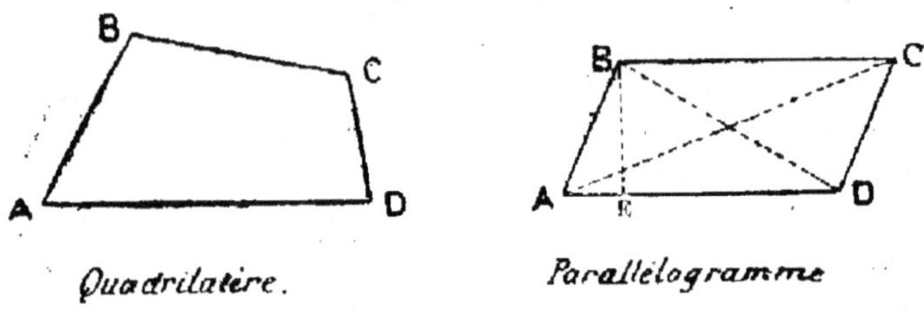

Quadrilatère.

Parallélogramme

22. — Parmi les différents quadrilatères, on distingue plus spécialement le *parallélogramme*, le *rectangle*, le *carré*, le *losange*, le *trapèze*.

23. — Un *parallélogramme* est un quadrilatère dont les côtés opposés sont parallèles.

La *base* du parallélogramme est l'un de ses côtés, BC par exemple. La *hauteur* est la perpendiculaire qui va de la base au côté opposé. EXEMPLE : BE.

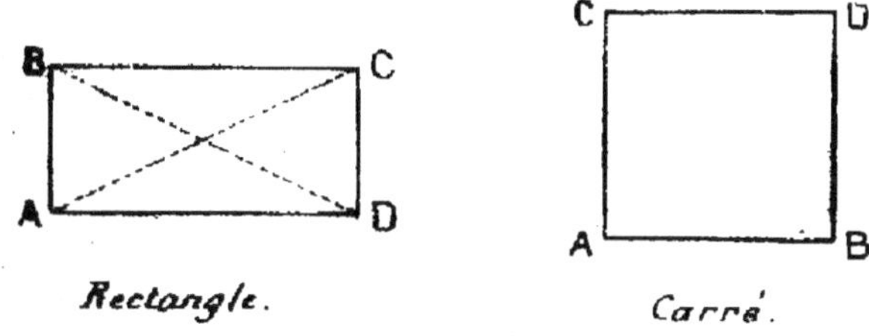

24.—Un *rectangle* est un quadrilatère dont tous les angles sont droits.

25. — Un *carré* est un quadrilatère dont les 4 côtés sont égaux et dont les 4 angles sont droits.

26. — Un *losange* est un parallélogramme qui a ses 4 côtés égaux.

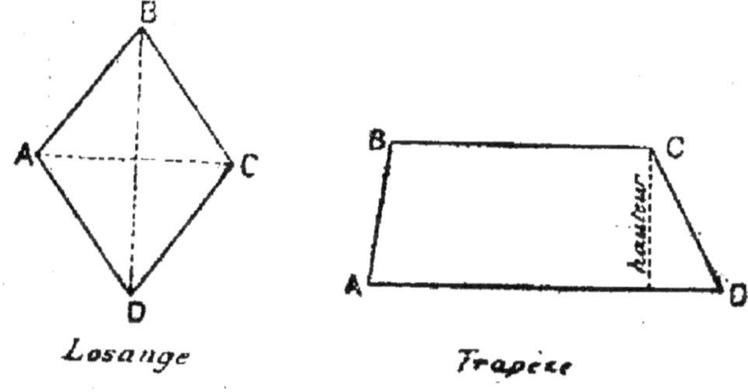

27. — Un *trapèze* est un quadrilatère qui a deux côtés parallèles. Ces deux côtés sont les *bases* du trapèze. La *hauteur* est la perpendiculaire comprise entre les deux bases.

§. — ÉVALUATION DES SURFACES

28. — **Parallélogramme**. — *Pour évaluer la surface d'un parallélogramme, on multiplie sa base par sa hauteur.*

Exemple : La surface d'un parallélogramme ayant 6^m de base et 3^m,50 de hauteur sera égale à

$$6 \times 3,50 = 21^{mq}.$$

Connaissant la surface et l'une des dimensions du parallélogramme, on obtient l'autre dimension en divisant la surface par la dimension connue.

Exemple : La hauteur d'un parallélogramme, de 15^{mq},60 de superficie et dont l'une des bases mesure 5^m, est égale à

$$15,60 : 5 = 3^m,12.$$

29. — Rectangle. — *La surface d'un rectangle, qui est aussi un parallélogramme, s'obtient de même en multipliant sa base par sa hauteur ou sa longueur par sa largeur, comme le montre la construction ci-contre.*

Ainsi un plancher de forme rectangulaire, qui a 5^m,40 de long sur 4^m,30 de large, aura pour surface :

$$5,40 \times 4,30 = 23^{mq},22.$$

30. — Carré. — *Pour obtenir la surface d'un carré, il suffit de multiplier son côté par lui-même.*
Exemple : Un tableau de forme carrée et qui a 1^m,50 de côté, aura pour surface :

$$1,50 \times 1,50 = 2^{mq},25.$$

31. — Losange. — *La surface d'un losange s'obtient comme celle du parallélogramme ordinaire, en multipliant sa base par sa hauteur.*

32. — Triangle. — *Pour obtenir la surface d'un triangle on multiplie sa base par la moitié de sa hauteur.*
Exemple : Un terrain de forme triangulaire, dont la base est 15^m,60 et la hauteur 8^m,70, a pour surface :

$$15,60 \times \frac{8,70}{2} = \frac{15,60 \times 8,70}{2} = 67^{mq},86.$$

33. — Trapèze. — *La surface d'un trapèze est égale au produit de sa hauteur par la demi-somme des bases.*

EXEMPLE : Un trapèze dont la base inférieure est 8ᵐ,40, la base supérieure 7,30 et la hauteur 3 mètres, a pour surface :

$$\frac{8,40 + 7,30}{2} \times 3 = 23^{mq},55.$$

34. — Polygone quelconque. — Pour obtenir la surface d'un polygone quelconque, on le partage en triangles, ou en triangles et trapèzes. On évalue ensuite la surface de chaque triangle et de chaque trapèze et l'on fait la somme de toutes ces surfaces pour avoir la surface totale du polygone.

35. — Cercle. — La surface d'un cercle s'obtient en multipliant sa circonférence par la moitié du rayon.

EXEMPLE : Soit un cercle de 8 mètres de rayon.

La circonférence de ce cercle est égale à :

$$8 \times 2 \times 3,1416 = 50^{m},2656,$$

et sa surface à :

$$50,2656 \times \frac{8}{2} = 201^{mq},06.$$

36. REMARQUE. — Le calcul qui précède revient à multiplier le rayon par lui-même, ce qui donne le *carré* du rayon et à multiplier ce carré par 3,1416, ce que l'on exprime par la formule :

$$\text{Cercle} = R^2 \times 3,1416.$$

CHAPITRE III

MESURE DES VOLUMES DE FORME RECTANGULAIRE

37. — Nous ne parlerons ici que des volumes les plus usuels, tels que les corps qui ont la forme d'une brique,

d'un mur, d'un bloc de bois équarri, d'une boîte, etc., et en général des corps ayant 6 faces rectangulaires égales deux à deux.

En géométrie ces corps prennent le nom de *parallélipipèdes rectangles*.

Un **parallélipipède rectangle** est donc un corps ou solide terminé par 6 faces rectangulaires.

38. — **Cube.** — Si les 3 dimensions sont égales et si les 6 faces par conséquent sont des carrés égaux, le parallélipipède prend le nom de *cube*.

Un *cube* est donc un solide compris sous six faces carrées égales. EXEMPLE : *Un dé à jouer.*

39. — **Volume du parallélipipède rectangle.** — Pour obtenir le volume du parallélipipède rectangle, on multiplie entre elles les trois dimensions : longueur, largeur et hauteur.

Soit à calculer le volume d'une caisse ayant $1^m,60$ de long, sur $0^m,80$ de large et $0^m,70$ de haut, on aura :

Volume de la caisse $= 1,60 \times 0,80 \times 0,70 = 0^{mc},896$.

40. — **Volume du cube.** — On obtient également le volume du cube en multipliant ses 3 dimensions entre elles, ce qui revient à multiplier son côté deux fois par lui-même ou, en d'autres termes, à faire le cube de son côté.

Ainsi, une caisse cubique de $1^m,80$ de côté aura pour volume : $1,80 \times 1,80 \times 1,80 = 5^{mc},832$.

PROBLÈMES SUR LA MESURE DES SURFACES ET DES VOLUMES

I. — SURFACES

1. — La longueur d'un jardin rectangulaire est de $128^m,56$; sa largeur de $102^m,35$. Quelle est sa surface : 1° en décamètres carrés ; 2° en hectares, ares et centiares ?

2. — Combien y a-t-il d'ares dans un champ rectangulaire de 127^m de longueur sur $30^m,50$ de largeur ?

3. — Un champ a la forme d'un triangle dont la base mesure 77 mètres et la hauteur 34ᵐ. Quelle est la valeur à 32 francs l'are?

4. — Une salle carrée a 68ᵐ,50 de long et 17ᵐ,40 de large. Combien peut-elle contenir de personnes, s'il faut 1ᵐq,50 pour chacune d'elles?

5. — Une feuille de papier mesure 0ᵐ,70 de long sur 0ᵐ58 de large. On en détache sur les 4 côtés une bande dont la largeur est partout de 2 centimètres. On demande de combien la surface primitive a été diminuée?

6. — Une chambre a 5ᵐ,40 de longueur et 3ᵐ,75 de largeur. Combien prend-on pour la carreler, à raison de 0ᶠ,20 par décimètre carré?

7. — Pour faire un plancher, on emploie des planches de 2ᵐ,45 sur 0ᵐ27. Combien en faut-il pour une salle qui a 12ᵐ,8 sur 8ᵐ,5?

8. — On veut diviser un jardin potager ayant 163ᵃ,20 en carrés de 12ᵐ de côté. Combien y aura-t-il de ces carrés?

9. — Un terrain de forme rectangulaire à 3ʰᵃ,17ᵃ,32ᶜᵃ de superficie. Sa longueur est de 246ᵐ; quelle est sa largeur?

9. — Si on a mis 398 litres de semence dans un hectare de terre, quelle quantité en faudrait-il pour ensemencer un terrain rectangulaire de 311ᵐ sur 49ᵐ,50?

10. — Combien coûterait un tapis de 6ᵐ,85 de longueur sur 5ᵐ de largeur à 0ᶠ,15 le décimètre carré?

11. — Un menuisier a fait une porte rectangulaire de 1ᵐ,75 sur 0ᵐ,80, à raison de 5 francs le mètre carré. Le peintre l'a mise en couleur sur les deux faces à raison de 1ᶠ,10 le mètre carré. A combien revient la porte?

12. — On veut parqueter une chambre rectangulaire de 6ᵐ,75 sur 5ᵐ,24, avec des planches de sapin de 1ᵐ,9 de longueur sur 0ᵐ,10 de largeur. Combien faudra-t-il de ces planches?

13. — La surface d'une glace est de 18ᵐq,0432 : sa largeur est 3ᵐ,26. Quelle est sa hauteur?

14. — Un champ de 45ᵐ,3 de longueur sur 9ᵐ,60 de largeur, a été payé 1,860 francs. A combien revient l'hectare de ce champ, à 1 centime près?

15. — Deux routes se croisent; l'une d'elles a 8ᵐ,20 de largeur, et elle est traversée par l'autre sur une longueur de 11ᵐ,82. Quelle est la surface commune aux deux routes?

16. — Quelle somme faut-il payer pour un verger ayant 1 hectomètre de longueur sur 657 décimètres de largeur, et qui a été vendu à raison de 75ᶠ,30 l'are?

17. — Un jardin rectangulaire de 82 mètres de longueur a été acheté pour 3,845f,80, à raison de 70 francs l'are. Quelle est la largeur de ce jardin ?

18. — Un tapis de 3m,2 de longueur sur 3m,1 de largeur est acheté 7f,05 le mètre carré. A combien reviendra-t-il en totalité si on le double avec une étoffe qui vaut 0f,80 par mètre carré ?

19. — Une circonférence a 3m,5 de diamètre. Quelle est sa longueur ?

20. — Calculer la longueur d'une prairie rectangulaire de 135m de largeur et d'une surface de 2ha,75.

21. — On veut établir un treillage, coûtant 1f,25 le mètre, autour d'un emplacement circulaire de 5m,42 de rayon. A combien reviendrait-il ?

22. — Une portion de toit, en forme de trapèze, a ses côtés parallèles longs de 8m,3 et de 7m,5 et distants de 3m,20. Quelle est sa surface ?

23. — La surface d'un trapèze est de 58mq,25. Sa hauteur est de 8m. Trouver la demi-somme des bases ?

24. — Le cadran d'une horloge a 3dm,5 de diamètre. Quelle en est la surface ?

25. — Trouver la circonférence et la surface d'un cercle qui a 0m,35 de rayon.

26. — Un bois de forme triangulaire a une surface de 3ha,45a. La base est de 268 mètres. Quelle en est la hauteur ?

27. — Un champ a la forme d'un parallélogramme. L'une des bases a 85m et se trouve à 28m de l'autre base. Quelle est la surface du champ ?

28— — Quelle sera la surface d'une toile cirée qui doit recouvrir exactement une table circulaire de 65 centimètres de rayon ?

29. — On emploie pour border cette toile de la doublure à 0f05 le mètre. Combien coûtera cette doublure ?

30. — Dans un triangle rectangle, l'un des côtés de l'angle droit est de 15 mètres, l'autre est double du premier. Quelle est la surface du triangle ?

II. — Volumes

1. — Un coffre, en forme de parallélipipède rectangle, a pour longueur 1m,20, pour largeur 0m,85 et pour hauteur 0m,75. Quel est son volume ?

2. — Combien faudra-t-il de mètres cubes de pierres pour construire un mur de 25m de long, sur 0m,50 de large et une hau-

teur de 2ᵐ,30, le mortier qui joint ces pierres représentant environ le dixième du volume total ?

3. — Un bloc de pierre de 1ᵐᶜ,850 a la forme d'un parallélipipède rectangle. Sa hauteur est de 0ᵐ,72 et sa largeur de 0ᵐ,85. Calculer sa longueur.

4. — On.a déjà enlevé 345 mètres cubes de terre d'un réservoir qui doit avoir 35 mètres de long sur. 28ᵐ,60 de large et 3ᵐ,50 de profondeur ; combien en reste-t-il à'enlever ?

5. — Avec des bûches de bois ayant une longueur de 1ᵐ,15 on a formé une pile de 1ᵐ,35 de hauteur sur 2ᵐ,50 de longueur. Combien cette pile contient-elle de stères de bois ?

6. — Un bassin de forme cubique a une profondeur de 2ᵐ,45. Combien contient-il d'hectolitres d'eau quand il est plein ?

7. — Quelle hauteur doit-on donner à une pile de bois formée de bûches de 0ᵐ,85 de long, pour que la pile ayant une longueur de 2.mètres contienne 2 stères et demi de bois ?

8. — Une caisse a une longueur de 0ᵐ,70, la hauteur est de 0ᵐ,50 et sa largeur la moitié de sa longueur. Quelle est sa capacité exprimée en décimètres cubes ?

9. — Une fontaine donne 2 litres et demi d'eau par minute. Combien mettra-t-elle de minutes pour remplir un bassin de 1ᵐ,50 de longueur sur 0ᵐ,40 de largeur et 0ᵐ,35 de profondeur ?

10. — Combien peut-il encore.entrer de mètres cubes d'eau dans un réservoir ayant 15ᵐ,40 de longueur, 10ᵐ,25 de largeur et 3 mètres de profondeur, si ce réservoir en contient déjà 64.254 décimètres cubes ?

11. — Une salle de classe à 8ᵐ,75 de longueur, 6ᵐ,50 de largeur et 4ᵐ,25 de hauteur. Quel volume serait encore nécessaire pour que les 64 élèves et le maître qui occupent cette salle puissent respirer chacun 4 mètres cubes d'air ?

12. — De combien faudrait-il élever le plafond de cette salle pour avoir en plus le volume d'air qui manque ?

13. — On entasse dans un hangar du bois de chauffage sur une longueur de 7ᵐ,4 et une largeur de 4ᵐ,5. On donne au tas 5 mètres de hauteur. Combien contient-il de stères, de décastères, de décistères ? Quelle somme en retirera-t-on en le vendant 150 francs le décastère ?

14. — Un wagon ayant intérieurement 3ᵐ,50 de longueur, 2ᵐ,15 de largeur et 1ᵐ,30 de hauteur est rempli de chaux valant 1ᶠ,45 l'hectolitre. Quelle est la valeur de cette chaux ?

15. — Une citerne ayant 6ᵐ,40 de longueur, 4ᵐ,60 de largeur et

7.

3^m,30 de profondeur est remplie d'eau au tiers de sa hauteur ; combien manque-t-il d'hectolitres pour qu'elle soit entièrement pleine ?

16. — On a disposé sur le plancher d'un grenier, qui a 3^m,65 de longueur et 2^m,056 de largeur une couche de blé de 0^m,75 d'épaisseur. Combien cette couche de blé contient-elle d'hectolitres ?

17. — Un réservoir rectangulaire a un fond de 4^m,8 sur 2^m,25. Quelle en doit être la profondeur pour qu'il puisse contenir 12.500 décimètres cubes ?

18. — Trouver le poids d'une barre de fer qui a 5^m,35 de longueur, 0^m,0156 d'épaisseur et 0^m,0354 de largeur, si le décimètre cube de fer pèse 7^{kg},78 ?

19. — Les dimensions d'une salle sont 4^m,5, 3^m,75 et 4 mètres. Quel est le poids de l'air qu'elle contient, si le litre d'air pèse 1^g,3 ?

20. — Calculer le volume d'un cube de 1^m,25 de côté.

21. — Calculer en hectolitres le volume d'une citerne à base carrée de 2^m,80 de côté et de 4^m,60 de profondeur.

22. — Un bassin ayant 4^m,80 de long et 3^m,50 de large contient 504 hectolitres d'eau. Quelle est sa profondeur ?

RÉCAPITULATION GÉNÉRALE

I. — EXERCICES SUR LES QUATRE OPÉRATIONS

NOMBRES ENTIERS

1. — Faire les additions suivantes en divers sens :

1.—   5.496 + 874 + 3.486 + 24.409 ; 7.830 + 5.674 + 809 + 15.076
2.—   349 + 1.786 + 608 + 7.498 ; 8.165 + 793 + 795 + 8.908
3.—   17.548 + 897 + 19.284 + 12.569 ; 17.809 + 2.457 + 3.456 + 76.843
4.— 235.089 + 2.085 + 985 + 30.876 ; 56.087 + 1.380 + 6.608 + 8.959

2. — Soustraction :

1. — 7.045 — 6.785 , 4.560 — 2.839 ; 1.800 — 1.500
2. — 35.428 — 9.815 ; 10.735 — 8.563 ; 25.064 — 9.478
3. — 78.050 — 63.248 ; 48.255 — 38.496 ; 76.243 — 58.674
4. — 43.174 — 35.987 ; 41.403 — 19.870 ; 20.572 — 15.843

3. — Multiplications : 1. — 745 × 28 ;   607 × 70

   2. — 879 × 17 ; 392 × 84 ; 716 × 94 ; 8.209 × 75 ; 7.519 × 86
   3. — 3.745 × 347 ; 4.678 × 758 ; 27.089 × 409 ; 76.805 × 708
   4. — 27.089 × 3.475 ; 67.805 × 4.586 ; 107.589 × 6.758 ; 74.080 × 700
   5. — 82.769 × 3.700 ; 428.500 × 789 ; 658.000 × 7.800
   6. — 74.218 × 45.872 ; 809.674 × 53.408 ; 190.564 × 92.806
   7. — 890.576 × 48.926 ; 7.257.086 × 80.759 ; 378.089 × 790.084

4. — Divisions :

   1. — 784 : 9 ;   908 : 7 ;   428 : 6 ;   7.408 : 8
   2. — 7.851 : 14 ;   6.840 : 27 ;   6.097 : 57   6.875 : 37 ;   8450 : 76
   3. — 80.452 : 58 ; 10.486 : 85 ; 207.558 : 635 ; 843.657 : 709
   4. — 51.395 : 175 ; 876.528 : 365 ; 870.465 : 758 ; 37.000 : 179
   5. — 87.500 : 3.600 ; 7.845.000 : 56.800 ; 7.620.045 : 78.900
   6. — 5.145.007 : 89.400 ; 7.590.000 : 548.000 ; 1.000.000 : 75.000

NOMBRES DÉCIMAUX

1. — Additions :

   1. — 4,75 + 10,27 + 34,585 + 11,217
   2. — 1.142,5 + 218,76 + 4.609,25 + 738,612 + 817,9634
   3. — 5,315 + 0,027 + 54,5632 + 8,904 + 17,61573 + 122,92
   4. — 0,54321 + 42,267 + 64,001 + 218,5432
   5. — 44,0043 + 17,542 + 815,95004
   6. — 428,34 + 17,5842 + 9,0564 + 115,93459
   7. — 19,2678 + 12,768 + 54,9601 + 3,143592

2. — Soustractions :

   1. — 58,42 — 17,85 :   115,26 — 49,48
   2. — 1.934,8145 — 219,543 ;   5.124,9 — 43,345
   3. — 11.563,613 — 947,8167 ;   1.747,3456 — 11.562,25
   4. — 870,45 — 207,5683 ;   3.215,492 — 938,6543

3. — Multiplications :

   1. — 17,54 × 634 :   47,8 × 29,63
   2. — 547,8 × 917 ; 4.632,157 × 145 ; 0,04625 × 18
   3. — 57,8 × 69,54 ; 113,54 × 0,045 ; 1.987,48 × 6,25
   4. — 8,6425 × 5.418,4 ; 98.563,518 × 3,745
   5. — 0,4835 × 0,0756 ; 0,08905 × 0,00783

4. — Divisions :

1. — 4,8 : 5 ; 1.934,68 : 428 ; 517,654 : 138
2. — 6,089 : 35 ; 0,0563 : 9 ; 3,14165 : 796
3. — 4.834,35 : 192 ; 0,0459 : 3,85 ; 56,783 : 0,0485
4. — 49 : 17,53 ; 645,3 : 0,95382 ; 85 : 0,875
5. — 212,35 : 36,04 ; 0,01913 : 0,00218 ; 0,00456 : 8,89
6. 8.000 : 0,0465 ; 74,89 : 6,0458 ; 0,00001 : 825.

5. — Trouver à 0,001 près le quotient de 5 par 14 ; à 0,0001 près le quotient de 695 par 2.738 ; à 0,01 près le quotient de 581,3045 par 545 ; à 0,00001 près le quotient de 17,04 par 5.834 ; à 0,0001 près le quotient de 657,5 par 9,357 ; à 0,1 près, le quotient de 837,5609 par 0,067 ; à 0,000001 près le quotient de 1 par 3,141659.

PROBLÈMES SUR LES QUATRE OPÉRATIONS

1. — Deux chevaux ont été vendus l'un 750 francs, l'autre 158 francs de plus, quel est le prix total des deux chevaux ?

2. — Quelle somme doit-on débourser pour payer une maison qui a coûté 15.687 francs, plus 2.465 francs de frais ?

3. — Quelle somme y a-t-il dans 3 sacs qui contiennent : le 1er, 368f,75, le second 453f,80 et le 3e 574 francs ?

4. — Un marchand a fait dans la journée les recettes suivantes : 48f,70, 13f,25, 7f,65, 24f,05 ; combien possède-t-il à la fin de la journée s'il avait déjà en caisse le matin 368f,40 ?

5. — Pour payer 465f,60 un acheteur donne un billet de 1.000 fr. Combien doit-on lui rendre ?

6. — Dans une cave il y avait 1.508 litres ; on en vend une première fois 345 litres et une seconde fois 465 litres ; combien en reste-t-il ?

7. — Un marchand achète un cheval 695 francs ; s'il veut gagner 175 francs sur son acquisition plus 17f,50 de frais, combien devra-t-il le revendre ?

9. — Un navire a coûté 548.756 francs; les agrès sont évalués 204.825 francs; quelle est la valeur du reste ?

10. — Un marchand achète un meuble qui lui coûte 245f,60 ; il dépense 28f,40 pour le faire réparer ; puis il le vend 368f,50. Quel est son bénéfice ?

11. — Un cultivateur achète un terrain de 8.375 mètres carrés ; quelque temps après, il annexe à ce terrain une parcelle de 975 mètres carrés : mais il vend 978 mètres carrés du terrain primitif. Quelle est l'étendue de ce qui lui reste de terrain ?

12. — Un héritage doit être partagé entre trois personnes : la 1re recevra 35.000 francs, la 2e 63.275 francs et la 3e 25.000 francs de moins que la part totale des deux autres. Quelle sera cette dernière part ?

13. — Un maquignon achète 345 chevaux pour la somme de 337.847 francs ; il en vend d'abord 285 pour la somme de 317.415 francs, et ceux qui restent pour 55.985 francs. Combien a-t-il vendu de chevaux la seconde fois et quel a été son bénéfice total ?

14. — Une propriété a été achetée 87.645 francs et l'acquéreur y a dépensé 19.355 francs. Quelque temps après, le propriétaire la revend 100.000 francs. Quelle perte éprouve-t-il ?

15. — Un propriétaire possède trois fermes qui valent ensemble 743.875 francs ; deux d'entre elles valent 325.475 francs et 183.685 francs. Quelle est la valeur de la troisième ?

16. — Un chantier contenait 894.560 quintaux de houille avant l'hiver ; il n'en contient plus que 289.475 maintenant. Quelle quantité a-t-on vendue ?

17. — Un négociant avait en magasin 3.675 mètres de toile, 1.975 mètres de drap et 8.975 mètres de calicot ; il ne lui reste plus que 3.489 mètres de calicot, 1.987 mètres de toile et 1.437 mètres de drap. Quelle quantité de chacun de ces tissus a-t-il vendue ?

18. — Le territoire d'une commune a 137.589 ares d'étendue, les bois et les prairies occupent 37.893 ares, les habitations et les routes 13.679 ares. Quelle est la surface cultivée ?

19. — Un employé qui gagne annuellement 3.675 francs, dépense 325 francs pour son logement, 1.575 francs pour sa nourriture et 540 francs pour son entretien. Quelles peuvent être ses économies annuelles ?

20. — Un fermier vend pour 3.894 francs de blé, 2.755 francs d'avoine et 378 francs d'orge ; il consacre le produit de cette vente à l'acquisition de chevaux qui lui coûtent 8.375 francs. Quelle somme lui manque-t-il pour les payer ?

21. — Un propriétaire achète 25.875 francs une maison pour laquelle il paye 3.285 francs de réparations. Quel est son bénéfice, s'il la revend 35.390 francs ?

22. — Quel est le prix d'une pièce d'étoffe qui contient 67 mètres, à raison de 9f,75 le mètre ?

23. — Combien coûtent 600 noix, à raison de 1f,25 le cent ?

24. — Combien a gagné dans une année de 295 jours de travail un ouvrier qui gagne 4f,75 par jour ?

25. — Que doit-on payer pour 845 hectolitres de blé à 19ᶠ,50 l'hectolitre ?

26. — Une ménagère achète 6ᵏᵍ,275 de bœuf à 1ᶠ,80 le kilogramme ; combien payera-t-elle ?

27. — Une propriété rurale produit 24 litres de blé et 39 kilogrammes de paille par are. Combien d'hectolitres de blé et d'hectogrammes de paille produit-elle à l'hectare ?

28. — Léon a 15 plumes ; il en achète pour 2 décimes, à raison de 2 pour 1 centime. Combien en aura-t-il en tout ?

29. — Une personne porte au marché 45 douzaines de poires qu'elle vend à raison de 3 francs la douzaine, 17 paniers de pommes vendus au prix de 14 francs l'un, et 64 kilogrammes d'abricots qu'elle cède moyennant 0ᶠ,75 le kilogramme. Quelle somme cette personne doit-elle recevoir ?

30. — Pour couvrir un toit, il faut 1.989 ardoises à 17 francs le cent ; quelle sera la dépense ?

31. — Une ménagère donne 20 francs pour payer 3ᵏᵍ,750 de viande à 2ᶠ,45 le kilogramme ; combien doit-on lui rendre ?

32. — Un épicier vend 6ᵏᵍ,45 d'huile à 1ᶠ,95 l'un ; 17ᵏᵍ,48 de bougie à 1ᶠ,75 ; 7ᵏᵍ,80 de café à 5ᶠ80 et 25ᵏᵍ,600 de sucre à 1ᶠ,20. Quelle somme doit-il recevoir ?

33. — Un ouvrier fume chaque jour pour 0ᶠ,30 de tabac et prend un petit verre qui lui coûte 0ᶠ,25. Quelle somme dépense-t-il ainsi par an ?

34. — Un négociant vend 7ʰˡ,05 d'eau-de-vie à raison de 1ᶠ,80 le litre. Quelle somme doit-il recevoir ?

35. — Un industriel vend 475 kilogrammes de marchandises au prix de 325 francs le quintal métrique. Quelle somme doit-il recevoir ?

36. — Un marchand achète 60 kilogrammes de savon : on le lui fait 125 francs les 100 kilogrammes ; il paye comptant et donne 71ᶠ,25. Quelle remise lui a-t-on faite ?

37. — Un commerçant au détail a encaissé dans une matinée les sommes suivantes : 3ᶠ,70, 12 francs, 6ᶠ,05, 0ᶠ,60, 7ᶠ,30. Il a payé deux factures, l'une de 8ᶠ,15 et l'autre de 11ᶠ,50. Il avait d'abord dans sa caisse 50 francs ; combien y a-t-il encore ?

38. — Un boulanger emploie 748 grammes de farine pour faire un kilogramme de pain. Quel est le poids de la farine qu'il a employée en une semaine si, pendant ce temps, il a fabriqué 500 kilogrammes de pain ?

39. — Un marchand revend 8 pièces de vin, qui lui coûtent

74ᶠ,30 la pièce : après les avoir payées et donné en outre 18ᶠ,20 pour le transport, il lui reste 57ᶠ,30. Combien avait-il d'abord ?

40. — Une propriété est composée de 37 hectares de bois valant 1.243 francs l'un et 173 hectares de terres estimés 3.625 francs chacun. Quelle est la valeur de cette propriété ?

41. — Cinq héritiers ont à se partager 36.850 francs. Le premier doit avoir 6.434ᶠ,75 ; le second 316ᶠ,60 de plus que le premier ; le troisième 500 francs de moins que le second ; le quatrième 8.250 francs. Combien aura le cinquième ?

42. — Une diligence fait deux voyages par jour et transporte chaque fois 15 personnes, dont 4 au prix de 3ᶠ,25 chacune, 5 au prix de 2ᶠ,85 et le reste au prix de 2ᶠ,50. Quelle est la recette de cette voiture pendant 39 jours ?

43. — Les rails d'un chemin de fer ont 4ᵐ,569 de longueur ; sur un côté d'une voie, on a placé bout à bout 15.020 rails. Quelle est en kilomètres la longueur de la voie ?

44. — Un industriel occupe 237 ouvriers à chacun desquels il donne 5ᶠ,25 par jour. Que leur doit-il en tout pour 24 journées de travail ?

45. — Un négociant achète 254 pièces de vin au prix de 95ᶠ,50 l'une ; les frais de transport et d'entrée s'élèvent à 35ᶠ,75 par pièce. Quelle somme le négociant a-t-il déboursée pour ce vin ?

46. — Un épicier achète 19 pains de sucre pesant 10ᵏᵍ,050 chacun, à raison de 0ᶠ,38 le demi-kilogramme. Combien a-t-il déboursé ?

47. — Un négociant achète 240 pièces de vin ; il en vend la moitié avec un bénéfice de 25 francs par pièce, le tiers en réalisant un gain de 45 francs par pièce, et le reste en faisant une perte de 5 francs par pièce. A-t-il gagné ou perdu, et combien ?

48. — Quelle est la valeur de la récolte d'un cultivateur dont les terres ont produit 675 hectolitres de blé estimé 18 francs l'hectolitre, 34 hectolitres de seigle valant 15 francs l'un, 136 hectolitres d'orge estimée 16 francs l'hectolitre et 548 hectolitres d'avoine vendue 11 francs l'hectolitre ?

49. — Combien coûteront 2.750 kilogrammes de houille, à raison de 38 francs les 100 kilogrammes, si l'on paye en outre 5 francs par 100 kilogrammes pour le transport ?

50. — On admet généralement que 20 litres de lait produisent 1 kilogramme de beurre. Quelle est la quantité mensuelle que peuvent produire 36 vaches donnant en moyenne chacune 15 litres de lait par jour ?

51. — Le poids brut d'un fût rempli d'huile est de 199.375 grammes; vide, ce fût ne pèse que 16^{kg},975. Quelle en est la contenance exprimée en litres, si l'on admet que le décimètre cube d'huile pèse 912 grammes ?

52. — Un négociant achète 124 boîtes contenant chacune 125 grammes de thé, au prix de 19^f,25 le kilogramme; il se trouve que le thé contenu dans 8 de ces boîtes est avarié. Que doit-il vendre le kilogramme du reste pour gagner 78^f,625 sur le tout ?

53. — Un marchand achète 36 vaches au prix de 375 francs ; il les revend en réalisant un bénéfice de 55 francs sur chacune d'elles. Quelle somme totale obtient-il de cette vente ?

54. — En admettant que 100 kilogrammes de blé donnent 73 kilogrammes de farine, quelle est la quantité de farine que peuvent produire 32 hectolitres de blé pesant chacun 75 kilogrammes?

55. — Une famille a un revenu annuel de 3.337^f,50 ; combien peut-elle dépenser par jour pour économiser 600 francs dans l'année ?

56. — On a payé 849^f,75 pour 240^{kg},075 d'une marchandise; à combien revient le kilogramme ?

57. — Une personne achète 45 pièces de toile, contenant chacune 125 mètres, au prix de 2 francs le mètre ; elle désirerait échanger cette toile pour du vin coûtant 50 francs l'hectolitre. Quelle quantité de vin devra-t-elle obtenir ?

58. — Un fermier paye 16.875 francs pour 15 chevaux qu'il a achetés. Quelque temps après, il est obligé de les revendre en bloc pour 15.000 francs. Quelle est la perte moyenne qu'il subit sur chaque cheval ?

59. — Une personne refuse de vendre un terrain de 36 ares pour la somme de 2.700 francs. Quelque temps après, elle le vend au prix de 72 francs l'are. Quelle perte subit-elle ?

60. — Un jardin avait 1.875 mètres carrés de superficie ; mais on en a vendu, au prix de 75 francs l'are, une parcelle pour laquelle on a reçu 375 francs. Quelle est actuellement l'étendue de ce jardin ?

61. — Un entrepreneur, qui occupe 45 ouvriers, leur donne 1.620 francs pour 6 journées de travail. Quel est le gain journalier de chacun de ces ouvriers ?

62. — Un ouvrier travaille 304 jours de l'année et gagne chaque

jour 6f,50 ; combien peut-il dépenser par jour, pour avoir 350 francs d'économies au bout de l'année ?

63. — Un industriel occupe 45 ouvriers : à 25 d'entre eux, il donne 8 francs par jour, à 15 autres il ne donne que 6 francs et 10 francs à chacun de ceux qui restent. De quelle somme doit-il disposer pour leur payer à tous 14 journées de travail ?

64. — Un marchand a acheté 31 mètres de drap à 18f,75 le mètre. Combien a-t-il dépensé, et combien doit-il vendre le mètre pour gagner 11 0/0 ?

65. — On verse 35 litres d'eau dans 180 litres de vin valant 43 francs l'hectolitre. A combien revient l'hectolitre du mélange ?

66. — On achète du bois à raison de 13f,50 le stère ; on en brûle 45 décimètres cubes par jour. Quel sera le prix du chauffage pendant le mois de janvier ?

67. — On mélange 12 hectolitres de vin à 0f,48 le litre avec 3 hectolitres à 75f,50. Quel sera le prix de l'hectolitre du mélange ?

68. — Un négociant achète 640 hectolitres de vin au prix de 43 francs l'un ; il en vend la moitié à raison de 46 francs l'hectolitre et le reste moyennant 48 francs l'hectolitre. Quel est son gain total, et que gagne-t-il en moyenne par hectolitre ?

69. — Un hectolitre de blé pesant en moyenne 76 kilogrammes, on demande quel est le poids du blé contenu dans une chambre de 6 mètres de long et 4 mètres de large, sachant que le tas a 1 mètre de haut.

70. — On a acheté une caisse de chocolat pesant 45 kilogrammes pour une somme totale de 202f,60. On voudrait revendre le tout avec un bénéfice de 40f,50. Quel devra être le prix de vente du demi-kilogramme ?

71. — Un marchand paye 63.600 francs pour du bois qu'il achète au prix de 14f,70 le stère. Combien doit-on lui en livrer ?

72. — Un marchand de drap a livré 100 mètres de drap en échange de 8 pièces de vin à 98f,50 l'une. A combien est estimé le mètre de drap ?

73. — Un négociant achète 6m,45 de soie pour la somme de 51f,60. Quelle quantité pourra-t-on se procurer de cette même étoffe pour la somme de 480 francs ?

74. — Le vin contenu dans 1.000 bouteilles vaut 758 francs. Chaque bouteille vide coûte 0f,17. Que vaut chaque bouteille pleine ? Combien faut-il la vendre pour gagner 8 francs sur 10 bouteilles ?

75. — Trois ouvriers, travaillant ensemble à un même ouvrage, ont reçu en tout 189 francs. Le 1ᵉʳ a fait 12 journées, le 2ᵉ 14 journées, le 3ᵉ 16 journées. Que revient-il à chacun ?

76. — Une fermière cède à sa voisine 6ᵏᵍ,750 de lard à 0ᶠ,95 le demi-kilogramme et reçoit en échange 5 francs plus un certain nombre de fromages à 0ᶠ,25 la pièce. Combien reçoit-elle de fromages ?

77. — Un papetier a acheté 425 douzaines de cahiers à 6ᶠ,75 le cent ; il les a revendus à raison de 2 pour 0ᶠ,15. Combien a-t-il gagné ou perdu ?

78. — Un cultivateur transporte au marché 12 sacs de blé, pesant chacun 126 kilogrammes ; il vend ce blé à raison de 26ᶠ,65 les 100 kilogrammes. Quelle somme en retire-t-il ?

79. — 11 pots de beurre pèsent ensemble 143 kilogrammes ; chaque pot vide pèse 1ᵏᵍ,75. Combien y a-t-il de beurre dans chaque pot ?

80. — Un terrain vaut 38ᶠ,50 l'are ; combien d'hectares, d'ares et de centiares peut-on en acheter pour 19.912ᶠ,20 ?

81. — Un tonneau vide pèse 35ᵏᵍ,75. Il pèse 177ᵏᵍ,36 lorsqu'il est plein d'un liquide qui pèse 0ᵏᵍ,987 par litre. Quelle est sa capacité ?

82. — A combien revient le litre d'un mélange de 1.280 décalitres de vin à 38 francs l'hectolitre avec 8 hectolitres 7 litres de vin à 420 francs les 1.000 litres ?

83. — Un marchand a acheté 95 kilogrammes de sucre à 120 francs le quintal et 60 kilogrammes de savon à 42ᶠ,50 les 50 kilogrammes. Il paye comptant et donne 158ᶠ,40. Quelle remise lui a-t-on faite ?

84. — Un marchand achète 36 chevaux au prix de 1.125 francs l'un ; il en vend la moitié à raison de 1.200 francs chacun, le tiers moyennant 1.250 francs l'un et le reste pour 6.725 francs. Quel est le bénéfice total de ce marchand ?

85. — Un héritage de 196.576 francs doit être réparti également entre huit héritiers ; les frais de toute nature s'élevant à 25.395 francs, quelle sera la part de chaque héritier ?

86. — Un terrain de 375 ares a été payé 29.475 francs ; le tiers a été vendu au prix de 100 francs l'are, le cinquième à raison de 95 francs le décamètre carré, et le reste moyennant 12.500 francs l'hectare. Quel a été le bénéfice total ?

87. — On veut entourer d'arbustes un terrain qui mesure 1.591ᵐ,20 de circuit. Ces arbustes doivent être éloignés l'un de

l'autre de 15^m,60. Combien faudra-t-il d'arbustes, et quelle sera la dépense, à raison de 2^f,75 par arbuste ?

88. — Un oncle donne la somme de 1.300 francs comme étrennes à ses trois neveux. Le partage a été fait de telle sorte que le 1er a reçu deux fois plus que le 2e, et que celui-ci a eu 100 francs de plus que le 3e. Quelle a été la part de chacun ?

89. — Une récolte de froment a été vendue 25 francs le quintal et a produit 4.435^f,50 ; on avait ensemencé 9^{ha},40. Quel est en décalitres le rendement par are, si le poids de l'hectolitre est de 80 kilogrammes ?

90. — Des ouvriers gagnent chacun 6^f,50 par jour ; la totalité de leurs salaires, pour 26 jours de travail dans un mois, s'est élevée à 6.253 francs. Combien sont-ils ?

PROBLÈMES

sur le système métrique et ses applications

1. — Un fermier vend 47^{hl},5 de blé au prix de 2^f,05 le décalitre, quelle somme doit-il recevoir après qu'un acompte de 900 francs lui a été donné ?

2. — Un marchand achète 64 hectolitres de cidre à 11^f,75 l'hectolitre et 8 hectolitres d'eau-de-vie à 1^f,25 le litre. Quelle somme doit-il ?

3. — Quelle est la valeur de la récolte d'un fermier dont les terres ont produit 754 hectolitres de blé évalués à 3^f,75 le double-décalitre, 472 hectolitres d'avoine valant 11^f,22 chacun et 95 hectolitres d'orge estimés 1.216 francs en totalité ?

4. — Le poids de l'eau contenue dans un vase égale celui de 220 pièces de 20 centimes et de 50 pièces de 5 francs en argent. Quelle est, en centilitres, la capacité de ce vase ?

5. — Une marchande a rempli d'eau-de-vie toutes les mesures appartenant à la série qui est fabriquée en étain. Exprimez en litres leur capacité totale ?

6. — Un cultivateur a récolté 345 hectolitres de blé, 85 hectolitres de seigle, 423 hectolitres d'avoine et 119 hectolitres d'orge. Exprimez la somme de ces quatre céréales d'abord en mètres cubes, puis en décimètres cubes.

7. — Un tonneau contenait 6^{hl},75 de cidre ; on en a tiré d'abord une pièce de 230 litres, puis une feuillette de 136 litres. Quelle quantité renferme-t-il maintenant ?

8. — Sachant que le décimètre cube d'huile d'olives pèse 912 grammes, quel est le poids d'un fût contenant 174 litres de ce liquide ? Le tonneau vide pèse 27^{kg},450.

9. — Un industriel achète, au prix de 4^f,20 le quintal métrique, 57 tonnes, 875 kilogrammes de houille. Quelle somme redoit-il après qu'il a donné deux acomptes de 950 francs chacun ?

10. — Quelle est la surface totale d'un domaine qui comprend : 8.747 ares de bois, 3.937.450 mètres carrés de terres labourables, 57.695 centiares de prairies naturelles, 674 ares de routes et chemins et 1.764 décamètres carrés de constructions ?

11. — Ecrivez les nombres suivants en prenant l'are pour unité principale : 874 hectares ; 67.396 centiares ; 694.765 mètres carrés ; 89.576 décamètres carrés ; 54.635 décimètres carrés ; 8.967 kilomètres carrés.

12. — Une propriété contenait 6.743^a,87 ; on y a annexé un terrain de superficie égale à 30^{dmq},48. Quelle est maintenant la surface de cette propriété exprimée en hectares ?

13. — Un fermier a ensemencé 8.743 ares en blé, 37.467 centiares en seigle, 17^{ha},4750 en avoine et 475 décamètres carrés en orge. Quelle est la surface totale qu'il a ensemencée ?

14. — Un clos a pour surface 47.674 centiares ; on y ajoute un jardin qui a 2.372 mètres carrés. Exprimez en hectares la surface actuelle de ce clos.

15. — Un marchand achète 67^{Dst},58 de bois de sapin, 84^{Dst},955 de bois de frêne, 643st,45 de chêne et 94st,75 de tilleul. Quelle quantité de bois s'est-il procurée ?

16. — Une personne s'engage à livrer 873st,25 de bois à un boulanger ; elle lui en donne d'abord 345 mètres cubes, puis 247^{mc},43. Quelle quantité doit-elle encore lui procurer pour que la livraison soit complète ?

17. — La terre extraite d'une tranchée a produit 2.479^{mc},675 et il en faut 3.747^{mc},472 pour combler une excavation. Quelle quantité doit-on se procurer pour que l'excavation soit remplie ?

18. — Un marchand vend 475st,48 de bouleau au prix de 8^f,25 l'un, et 679st,80 de sapin à 8^f,45 le stère. Quelle somme lui redoit-on après qu'il a reçu 4.560 francs ?

19. — Un magasin brûle chaque jour pour 375^{mc},873 de gaz hydrogène ; quelle somme doit le propriétaire de ce magasin au bout de 24 jours d'éclairage, sachant que le mètre cube coûte 0^f,175 ?

20. — Un négociant devait me livrer 348 doubles décalitres de

blé ; mais il ne m'en a livré que 57 hectolitres ; quelle quantité dois-je encore recevoir ?

21. — Un cultivateur mesure tout le colza qu'il a récolté en se servant neuf fois de l'hectolitre, une fois du demi-hectolitre, deux fois du double décalitre et une fois du demi-décalitre. Quelle quantité de colza a-t-il récoltée ?

22. — Un fermier a vendu, au prix de 21^f,85 l'un, 146 hectolitres de blé. Quelle somme doit-il encore recevoir, si on lui a donné un acompte de 2.150 francs ?

23. — L'empierrement d'une route a été confié à trois entrepreneurs : le 1er a fourni 648^{mc},375 ; le 2e 1.147.625 millièmes de mètres cubes, et le 3e 879.475 décimètres cubes. Quel est le total de la pierre employée sur cette route ?

24. — Un vase plein d'huile pèse 1^{kg},52. Le vase seul pèse 519 grammes. Combien contient-il d'hectogrammes d'huile ?

25. — Une prairie de 2^{ha},07 a produit 11.324 kilogrammes de foin qu'on a vendu 5^f,25 le quintal métrique. Elle a été achetée à raison de 65^f,25 l'are. Combien a-t-elle coûté ? Combien a-t-elle rapporté ?

26. — Un marchand a acheté 64 mètres de velours à 4^f,05 le mètre ; il veut retirer en tout 340^f,75 ; quel sera son bénéfice ?

27. — Un décamètre d'étoffe a été acheté à raison de 8 francs le mètre ; on veut gagner 15 francs sur la vente totale ; quel doit être le prix de vente par décimètre ?

28. — On a payé pour un voyage en seconde classe, sur une ligne de chemin de fer, 0^f,085 par kilomètre ; combien payera-t-on par myriamètre ? Combien payerait-t-on pour un trajet de 12 lieues, la lieue étant de 4 kilomètres ?

29. — Un convoi de chemin de fer, parti à 2 heures du soir est arrivé à destination à 3 heures du matin. Sa vitesse est de 35 kilomètres à l'heure ; quelle distance a-t-il parcourue ?

30. — Quel est le poids de la monnaie renfermée dans un sac qui contient : 45 pièces de 5 francs d'argent, 74 pièces de 2 francs, 38 pièces d'un franc et 86 pièces de 50 centimes ?

31. — Une personne achète un terrain qu'elle paye au moyen de 875 pièces de 5 francs d'argent. Quelle est la valeur du terrain et quel est le poids de la somme qui a servi à le payer ?

32. — Quel est le poids d'une marchandise à laquelle on fait équilibre au moyen de 25 pièces de 2 francs et 48 pièces de 5 centimes ?

33. — Combien faut-il placer de pièces de 2 francs avec

45 pièces de 5 francs d'argent pour obtenir un poids de 3 kilogrammes ?

34. — Une propriété se compose de $7^{ha},25$ de bois ; $873^{dmq},25$ de prairie ; $27^a,29$ de potager, et 398.734 mètres carrés de terres labourables. Quelle est l'étendue de cette propriété ?

35. — Une tonne métrique de marchandise a coûté 6.342 francs. Combien coûterait un myriagramme de cette marchandise ?

36. — Un terrain de 150 ares de surface coûte 3.800 francs. On dépense $623^f,15$ pour le mettre en état de produire. Dire quel sera : 1° le prix de l'are de ce terrain ; 2° le prix du mètre carré ?

37. — Quel est le prix d'une terre de $3^{ha},5$ ares, qui a été vendue à raison de $0^f,25$ le mètre carré ?

38. — Un are de terrain a produit 20 litres de blé ; les frais de culture s'élèvent à 80 francs par hectare. L'hectolitre de blé se vend 23 francs et le champ a une étendue de 358 ares. Quel est le revenu de ce champ ?

39. — L'hectolitre de blé pèse 78 kilogrammes. Quel poids de ce blé peut contenir une caisse rectangulaire ayant $1^m,25$ de longueur, $0^m,60$ de largeur et $0^m,70$ de profondeur ?

40. — On a pavé une salle avec 45 dalles qui ont $1^m,30$ de longueur sur $0^m,75$ de largeur. Quelle est la surface de cette salle ?

41. — On a acheté des haricots à 3 francs le double décalitre ; à combien revient le double décilitre ?

42. — Quel est le poids du cuivre contenu dans la composition de 27 pièces de 5 francs en argent ?

43. — Un verre a une contenance de 95 centimètres cubes. Combien peut-on le remplir de fois avec une bouteille de $0^l,66$?

44. — Une vigne a $86^m,6$ de longueur, 15 mètres de largeur ; elle a été vendue pour 1.860 francs. A combien revient l'are ?

45. — Un terrain a une superficie de 2 hectares, on y pratique un chemin de 7 mètres de largeur sur 125 mètres de longueur. Que reste-t-il du terrain ?

46. — On veut faire paver une cuisine de $5^m,60$ sur $4^m,90$ avec des carreaux de 14 centimètres de côté. A combien se montera la dépense ? Les pavés coûtent 50 francs le mille, et le paveur demande 1 franc par mètre carré ?

47. — Combien y a-t-il de doubles décalitres de blé dans un grenier qui en renferme $15^{mc},312$?

48. — Avec un lingot d'argent monnayé du poids de $3^{kg},50$, combien peut-on faire de pièces de 5 francs ?

49. — Une personne achète, au prix de 14ᶠ,75 l'are, un bois d'une superficie de 378ᵃ,20. Quelle somme se propose-t-elle d'en obtenir, si elle désire gagner 0ᶠ,15 par mètre carré ?

50. — Une fontaine débite 37 litres d'eau par minute ; combien donne-t-elle de mètres cubes en 5 heures ?

51. — Un flacon plein d'eau pure pèse 285ᵍ,164 ; vide, il pèse 67ᵍ,287. Quelle est sa capacité : 1° en centimètres cubes ; 2° en millimètres cubes ; 3° en centilitres ?

52. — Une feuille de zinc a 3ᵐ,6 dans un sens, 1ᵐ,75 dans l'autre et 0ᵐ,003 d'épaisseur. Quel est son poids, sachant que le zinc pèse 7 fois plus que l'eau ?

53. — Je devais 345 francs ; mais j'ai donné une somme en monnaie d'argent pesant 800 grammes. Que dois-je encore ?

54. — Quelle est la somme d'argent qui pèse 8.745 grammes ?

55. — Que pèsent 115 francs en argent, en bronze, en or ?

56. — Une propriété de 1ʰᵃ,0725 a été achetée pour 3.507ᶠ,075. Quel est le prix du mètre carré ?

57. — Le chemin de fer prend 0ᶠ,05 pour transporter une tonne de fer à 1 kilomètre. Combien faudra-t-il payer pour transporter 32.000 kilogrammes de fer à 35 myriamètres ?

58. — Quelle est en hectares la superficie d'une route qui a 80 kilomètres de longueur et 10ᵐ,75 de largeur ?

59. — Deux villes sont séparées par une distance de 13 kilomètres et unies par une route sur les bords de laquelle on veut planter des arbres de 20 mètres en 20 mètres. Combien coûtera cette opération, si chaque pied d'arbre revient à 0ᶠ,75 ?

60. — Une poutre de 8ᵐ,95 de longueur sur 0ᵐ,48 de largeur et 0ᵐ,55 d'épaisseur est payée 205ᶠ,59. A combien revient le décistère ?

61. — Quel poids obtient-on en prenant une collection des diverses monnaies d'argent et de bronze ?

62. — On a ensemencé une prairie en graine de luzerne qui coûte 140 francs le quintal. Quelle était la superficie de cette prairie ? On sait qu'il a fallu 30 kilogrammes de graine par hectare et qu'on a dépensé 86ᶠ,75.

63. — Une bille de chêne de 3ᵐ,20 de longueur et 0ᵐ,60 d'équarrissage est débitée en planches de 0ᵐ,03 d'épaisseur. Quelle est la valeur de chaque planche à raison de 3ᶠ,50 le mètre carré ? Combien peut-on faire de planches ?

64. — Un détaillant a reçu dans sa journée, pour la vente de menus objets, des pièces de bronze pesant ensemble 3ᵏᵍ,425. Quelle somme représente ce poids ?

65. — Quelle est la somme d'argent qui pèse autant que 38 centilitres d'eau pure ?

66. — En une heure, une fontaine a rempli un bassin de 5^m,6 de longueur, 3^m,7 de largeur et 2^m,3 de profondeur. Combien de litres d'eau la fontaine donne-t-elle par minutes ?

67. — Quelle somme en argent pèserait autant que l'eau pure et froide contenue dans une boîte d'une capacité de 4^{dme},9 ?

68. — On a rempli d'eau pure un vase cubique de 0^m,65 de côté. On demande quel sera le poids du vase si, vide, il pesait 9^{kg},358.

69. — Un sac plein de monnaie d'or pèse 3^{kg},170 ; le sac pèse 120 grammes. Quelle somme contient-il ?

70. — On achète dans un bureau de poste 75 timbres de 0^f,05 et 50 timbres de 0^f,02. On remet 10 francs à l'employé ; combien doit-il livrer de timbres à 0^f,15 pour compléter la somme ?

71. — Un mendiant a reçu une somme de bronze qui pèse 3.645 grammes. Quelle est la valeur de cette somme ?

72. — Exprimez en tonnes le poids de 27^{mc},637 d'eau.

73. — On forme une pile de bois de chauffage ; les bûches ont 1^m,137 de longueur ; la pile a une longueur de 8^m,50. Quelle hauteur doit-on lui donner pour qu'elle contienne 24^{pst},4 de bois ?

74. — Un morceau de fer pesant 2^{kg},30 a 65 centimètres de longueur sur 3 centimètres de largeur. Quelle est son épaisseur, sachant qu'un décimètre cube de fer pèse 7^{kg},788 ?

75. — Une salle rectangulaire qui a 7^m,60 de longueur sur 5^m,80 de largeur a été carrelée avec des briques qui ont 0^m,20 de longueur sur 0^m,10 de largeur. Combien en a-i-on employé ?

76. — Un champ rectangulaire de 47^a,04 de surface et de 84 mètres de longueur est entouré d'une clôture coûtant 0^f,80 le mètre linéaire. Trouver le prix de cette clôture.

77. — Un terrain carré a 196 mètres de contour. Il a été acheté 3.243^f,40. Quel est le prix du mètre carré ?

78. — Une prairie rectangulaire a 225^m,30 sur 128^m,40. Elle a été achetée à raison de 2.420 francs l'hectare. Combien a-t-elle coûté ?

79. — Une pièce de terre a la forme d'un rectangle dont la hauteur mesure 68^m,50 et dont la base surpasse la hauteur de un cinquième. Quelle est la valeur de ce terrain à 64^f,25 l'are ?

80. — Un losange a sa plus grande diagonale double de l'autre ; celle-ci a une longueur de 8^m,42 ; quelle est la surface du losange ?

81. — Dans un triangle dont la base a 15 mètres, on mène, à une distance de 3^m,20, une parallèle à cette base dont la longueur se trouve de 8^m,45. Quelle est la partie de la surface du triangle comprise entre les deux parallèles ?

82. — Un terrain a la forme d'un triangle dont la base mesure 85^m,75 et dont la hauteur est de 48^m,50. Quelle serait la valeur de ce terrain à 28^f,60 l'are ?

83. — Quelle est la hauteur d'un triangle dont la base a 17^m,80, si sa surface est équivalente à celle d'un rectangle dont les dimensions sont 15 mètres et 8 mètres ?

84. — Trouver la circonférence et la surface d'un bassin circulaire qui a 20 mètres dans sa plus grande largeur.

85. — Quelle est la longueur d'une circonférence qui a 3^m,25 de rayon ?

86. — Un jardin parfaitement carré a 84 mètres de tour. Quelle est sa valeur à 10.000 francs l'hectare ?

87. — D'un terrain circulaire ayant 10 mètres de diamètre, on enlève le gazon pour en recouvrir une plate-bande longue de 18 mètres. Quelle sera la largeur de cette plate-bande ?

88. — Quel est le poids de l'air contenu dans une salle rectangulaire ayant 6 mètres de longueur, 4 mètres de largeur et 3^m,50 de hauteur. Un litre d'air pèse environ 1^g,3.

89. — On veut faire des planches de 30$^{dm^c}$,5 chacune, avec une pièce de bois équarrie d'un volume de 1^{mc},650 ; combien pourra-t-on en faire ?

90. — Un coffre ayant 1^m,50 de long sur 0^m,90 de large est plein de blé jusqu'à une hauteur de 0^m,85. Quelle est la valeur de ce blé à 22^f,50 l'hectolitre ?

FIN

TABLE DES MATIÈRES

Paris. — Impr. PAUL DUPONT, 4, rue du Bouloi (Cl.) 8.12.94